ATLAS

ZUR

GEOLOGIE

DER

STEINKOHLEN

DEUTSCHLAND'S UND ANDERER LÄNDER

EUROPA'S

VON

DR. H. B. GEINITZ.

28 KARTEN.

MÜNCHEN 1865.
R. OLDENBOURG.

Inhalt.

Nr. I. Uebersichtskarte der Steinkohlenfelder im Zwickau-Chemnitzer Kohlenbassin. Mit Erklärungsblatt. Zu pag. 45. 49.

„ II. Profile zu Nr. 1. a) Aus der Gegend von Zwickau. b) Aus der Gegend von Lugau. Zu pag. 45. 49.

„ III. Uebersichtskarte der Steinkohlenformation des Plauen'schen Grundes. Zu pag. 45. 76.

„ IV. Profile zu Nr. 3. Zu pag. 45. 76.

„ V. Uebersichtskarte der Steinkohlenformation von Wettin, Loebejün und Plötz im Oberbergamtsbezirk Halle. Zu pag. 91.

„ VI. Profil zu Nr. 5. Kohlenformation bei Wettin. Zu pag. 91.

„ VII. Profil zu Nr. 5. Steinkohlenformation a) bei Loebejün; b) bei Plötz. Zu pag. 91.

„ VIII. Kohlenformation von Stockheim und Neuhaus mit Profilen dazu. Zu pag. 109.

„ IX. Karte und Profile der Gegend um Berghaupten im Schwarzwald. Zu pag. 118.

„ X. Ausführliche Karte des Steinkohlengebietes von Saarbrücken, in 2 Blättern. Zu pag. 124.

„ XI. Karte des Inde-Bassins. Zu pag. 151. 154.

„ XII. Profile des Worm- und Inde-Bassins. Zu pag. 151. 154. 160.

„ XIII. Karte des Worm-Bassins bei Aachen. Zu pag. 151. 160.

„ XIV. Querprofil des Worm-Bassins. Zu pag. 151. 160.

„ XVa. Karte des westphälischen Steinkohlenbeckens, nebst Profilen dazu. Zu pag. 175.

„ XVb. Karte der Steinkohlengruben des westphälischen Bergamtsbezirks. Mit Erklärungsblatt. Zu pag. 175.

„ XVI. Querprofil durch das westphälische Steinkohlenbecken. Zu pag. 175.

„ XVII. Flötzkarte von dem Steinkohlengebirge bei Ibbenbüren, nebst Profilen dazu. Zu pag. 195.

„ XVIII. Uebersichtskarte der Verbreitung der Wälderformation im nordwestlichen Deutschland. Zu pag. 202.

„ XIX. Geognostische Karte des niederschlesisch-böhmischen Steinkohlenbeckens. Zu pag. 209.

„ XX. Profile dazu. a) Durch den Flötzzug bei Waldenburg. b) Durch die Schwadowitz und Radowenzer Kohlenflötzzüge. Zu pag. 209.

„ XXI. Karte des preussisch- und österreichisch-schlesischen Steinkohlenbeckens. Zu pag. 237.

„ XXII. Profile zu Nr. 21 und 23. Zu pag. 237. 263.

„ XXIII. Flötzkarte des Mährisch-Ostrauer Steinkohlen-Reviers. Zu pag. 244. 263.

„ XXIV. Die Steinkohlenformation bei Rossitz in Mähren. Zu pag. 265.

„ XXV. Uebersichtskarte des Schlan-Rakonizer Bassins in Böhmen. Zu pag. 269.

„ XXVI. Profile zu Nr. 25 und 27. Zu pag. 298.

„ XXVII. Karte des Pilsener Steinkohlenbeckens. Zu pag. 298.

Erklärung der Tafel I.

(Vgl. S. 49.)

I. Privatwerke von Bockwa und Oberhohndorf.
II. Erzgebirgischer Steinkohlen-Actienverein.
III. Planitzer Steinkohlenbau-Verein.
IV. von Arnim'sche Steinkohlenwerke in Planitz.
V. Steinkohlenbauverein zu Vorder-Neudörfel und Nieder-Planitz.
VI. Zwickauer Steinkohlenbauverein.
VII. Fortuna-Schacht.
VIII. Sarfert'sches Steinkohlenwerk.
IX. Actienverein Zwickauer Bürgergewerkschaft.
X. Pölbitzer Steinkohlenbauverein.
XI. Zwickau-Auerbacher Steinkohlenbauverein.
XII. Zwickauer Brückenberg Steinkohlenbauverein.
XIII. Oberhohndorf-Schader Steinkohlenbauverein.
XIV. Oberhohndorf-Forst Steinkohlenbauverein.
XV. Frischglück,
XVI. Bescheert Glück,
XVII. Fünf Nachbar-Grube,
XVIII. Vereinigt Feld,
XIX. Lehfeldgrube,
XX. Rau & Co.,
} Steinkohlenvereine bei Oberhohndorf, auf der Karte nicht angegeben.
XXI. Zwickau-Oberhohndorfer Steinkohlenbauverein.
XXII. Reinsdorfer Steinkohlenbauverein.
XXIII. Actienverein Herrmannsgrube.
XXIV. Sächsische Bergbau- und Eisenhüttengesellschaft.
XXV. Zwickau-Leipziger Steinkohlenbauverein.
XXVI. Zwickau-Reinsdorfer Steinkohlenbauverein.
XXVII. Zwickau-Ober-Reinsdorfer Steinkohlenbauverein II. Compl.
XXVIII. Zwickau-Ober-Reinsdorfer Steinkohlenbauverein I. Compl.
XXIX. Oberhohndorf-Vielauer Steinkohlenbauverein.
XXX. Zwickau-Vielauer Steinkohlenbauverein.
XXXI. Zwickau-Schönauer Steinkohlenbauverein.
XXXII. Wildenfels-Härtensdorfer Steinkohlenbauverein.
XXXIII. Nieder Zschockener Steinkohlenbauverein.
XXXIV. Ortmannsdorfer Steinkohlenbauverein.
XXXV. Zwickau-Berliner Steinkohlenbauverein.
XXXVI. Rödlitzer Steinkohlenbauverein.
XXXVII. Lichtensteiner Bergbau-Gesellschaft.
XXXVIII. Zwickau-Egydien.
XXXIX. Hohndorf-Bernsdorfer Verein.
XL. Gersdorfer Steinkohlenbauverein.
XLI. Dufour'sches Steinkohlenfeld.

XLII. Oelsnitzer Bergbaugesellschaft.
XLIII. Erlbach-Leipziger Steinkohlenbauverein.
XLIV. Lugau-Erlbacher Verein.
XLV. Steinkohlenbauverein Westphalia.
XLVI. Steinkohlenbauverein Rhenania.
XLVII. Zwickau-Lugauer Steinkohlenbauverein.
XLVIII. Steinkohlenbauverein Gottes Segen.
XLIX. Fürstl. Schönburgische Steinkohlenwerke.
L. Zwickau-Oelsnitzer Steinkohlenbauverein.
LI. Fünfziger Verein.
LII. Wallrath's Steinkohlenfeld.
LIII. Tröger's Steinkohlenfeld,
LIV. Dörstling's Steinkohlenfeld, } bei Niederwürschnitz, auf der Karte nicht angegeben.
LV. Sewald's Steinkohlenwerk,
LVI. Lugau-Niederwürschnitzer Steinkohlenbauverein.
LVII. Niederwürschnitzer Steinkohlenbauverein.
LVIII. Kirchberg-Niederwürschnitzer Steinkohlenbauverein.
LIX. Steinkohlenbauverein Montania.
LX. Steinkohlenfeld von Breithaupt und Gen.
LXI. Steinkohlenfeld von Kohl und Gen.
LXII. Steinkohlenverein zum Steegenschachte.
LXIII. Chemnitzer Steinkohlenbau-Gesellschaft.
LXIV. Kohl'sches Steinkohlenfeld.
LXV. Steinkohlenfeld von Knüpfer und Rudovsky.
LXVI. Glauchau-Rothenbacher Steinkohlenbauverein.
LXVII. Steinkohlenfeld von Sewald und Dörfling.
LXVIII. Steinkohlenfeld von Baer & Leupold.
LXIX. Gersdorfer Vereins-Glück.
LXX. Sächsische Steinkohlen-Compagnie.
LXXI. Grünaer Steinkohlenbauverein.
LXXII. Mittelbacher Steinkohlenbauverein.

Bahnhof
GLAUCHAU
Hölzel
Rothenbach
LXVI.
Wernsdorf
Voigtlaide
Schlunzig
Nieder-
Mülsen
Nieder-
Wulm
Klein-
Wulm
Thurm
Berthelsdorf
Crossen
Stangendorf

Lobsdorf
Tirschheim
Kuhschnappel
oder Bahnhof
St. Egidi
Rüßdorf
Hermsdorf
Helene-Anna Sch.
Berns-dorf
Hugo Sch.
Lichtenstein

Jebersichts-Karte
DER
INKOHLENFELDER
IM
KAU-CHEMNITZER
OHLENBASSIN.
Grüna
alter Sch.
Beharrlichkeits Sch.
William Sch.
Hohenstein
Ernstthal
König Johan Sch.
Mittell
Ober-
Nutzung
Lungwitz
Abtei-
Hoffnungs Sch.
Ursprung
Ferdinand Sch.
Seyfersdorf
Gersdorf
Kirchberg
Montania Sch.
Glaubens Sch.
B.Lch.

Taf. I.

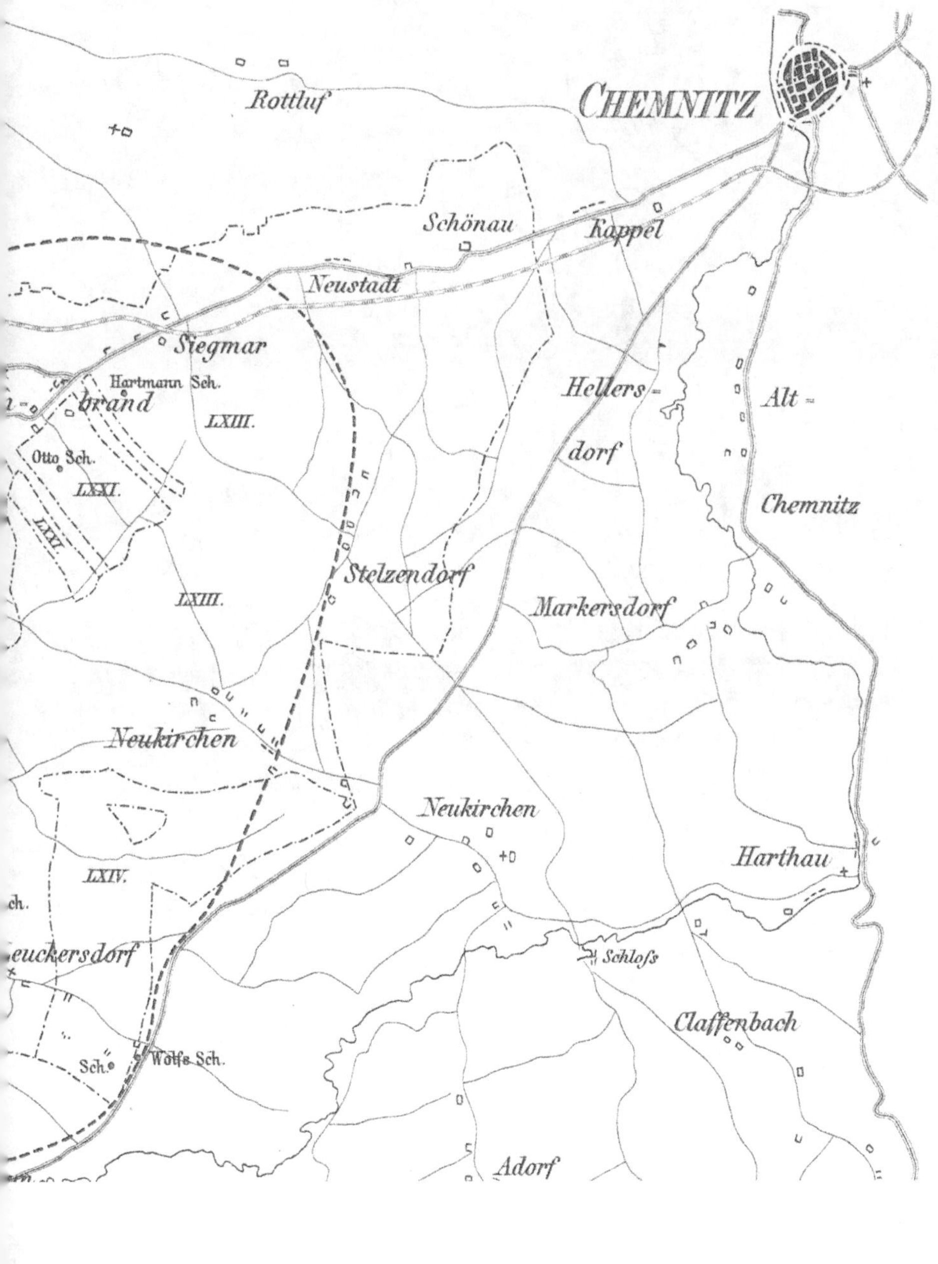
CHEMNITZ
Rottluf
Schönau
Kappel
Neustadt
Siegmar
Hartmann Sch.
brand
LXIII.
Hellers-
dorf
Alt-
Chemnitz
Otto Sch.
LXXI.
Stelzendorf
LXIII.
Markersdorf
Neukirchen
Neukirchen
LXIV.
Harthau
euckersdorf
Schloss
Claffenbach
Wolfs Sch.
Adorf

Schneppendorf
Jüdenhayn
Mülsen
Poelbitz
Auerbach
Oestliche
Eckersbach
Mariemthal
ZWICKAU
Bahn-Hof
Einigkeits Sch.
Beharrlichkeits Sch.
Poehlau
Hülfe Gottes Sch.
Alte Burger Sch.
Vertrauens Sch.
Hermans Sch.
Segen Gottes Sch.
Glück auf Sch.
Hoffnung Sch.
August Sch.
Wilhelm Sch.
Breithaupt Sch.
Vereins Glück Sch.
Neudörfel
Ober-Hohndorf
Böckwa
Jung-Wolfgang Sch.
Reins
Himmelsfürst Sch.
Alexander Sch.
Hermannsgrube
Jacob Sch.
Nieder-
Himelfahrt Sch.
Bockw. Comm. Sch.
Kunst Sch.
Planitz
Julien Sch.
Marien Hütte
Nieder-Haßlau
Vielau
Ober-
Kainsdorf
Haupt-Lerwerfung

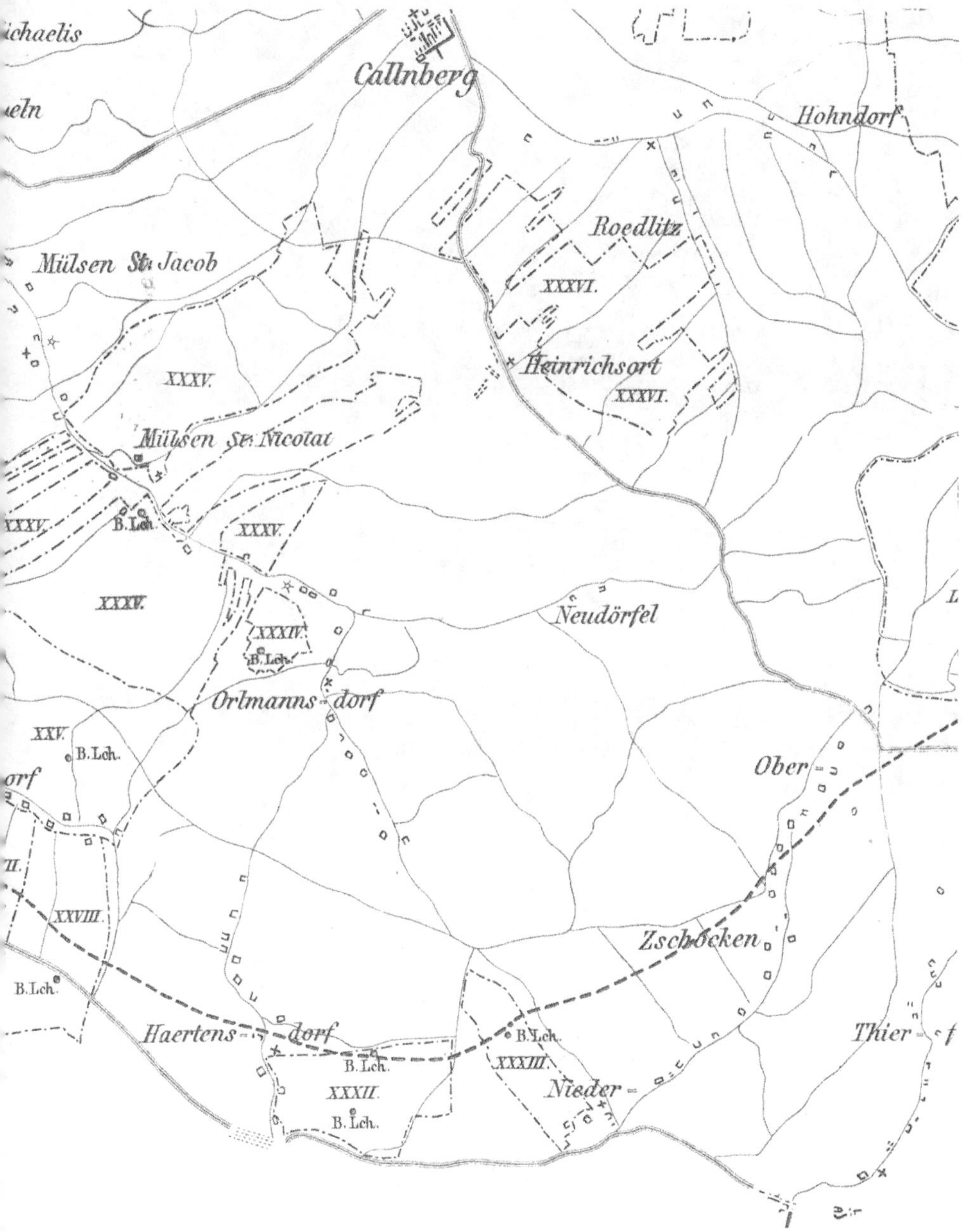
Callnberg
Hohndorf
Roedlitz
XXXVI.
Mülsen St. Jacob
Heinrichsort
XXXVI.
XXXV.
Mülsen St. Nicolai
B. Lch.
XXXV.
XXXV.
XXXV.
Neudörfel
XXXIV.
B. Lch.
Orlmanns-dorf
XXV.
B. Lch.
Ober
XXVIII.
Zschocken
B. Lch.
Haertens-dorf
B. Lch.
Thier
B. Lch.
XXXIII.
XXXII.
Nieder
B. Lch.

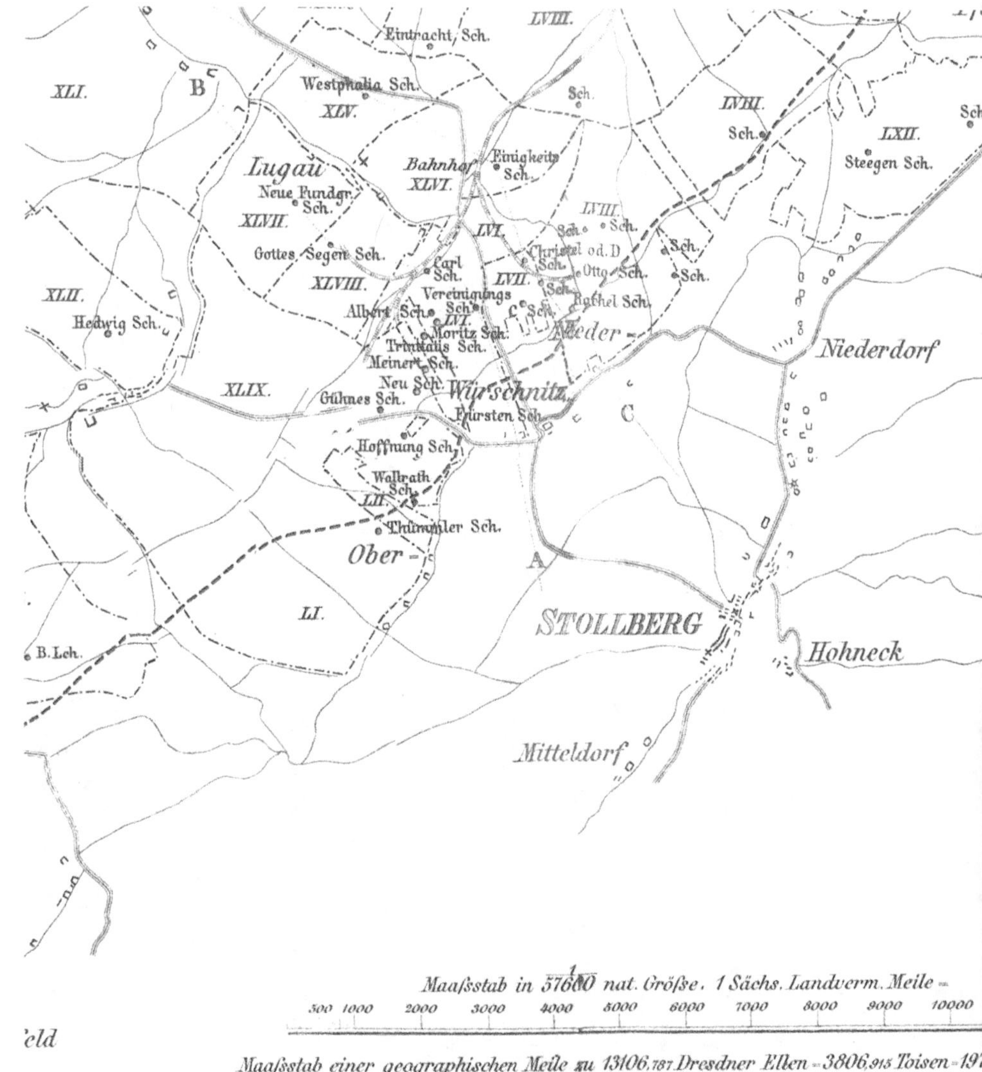
Eintracht Sch.
LVIII.
Westphalia Sch.
XLI.
B
XLV.
Sch.
LVIII.
Sch.
LXII.
Steegen Sch.
Lugau
Bahnhof
XLVI.
Einigkeits Sch.
Neue Fundgr. Sch.
XLVII.
LVI.
Gottes Segen Sch.
Carl Sch.
Christel od. D
Otto Sch.
XLVIII.
LVII.
XLII.
Vereinigungs Sch.
Albert Sch.
Rothel Sch.
Hedwig Sch.
Moritz Sch.
Trinitatis Sch.
Nieder-
Niederdorf
Meinert Sch.
Neu Sch.
XLIX.
Gühnes Sch.
Würschnitz
Fürsten Sch.
C
Hoffnung Sch.
Wallrath Sch.
LII.
Thümmler Sch.
Ober-
A
LI.
STOLLBERG
B. Lch.
Hohneck
Mitteldorf
Maafsstab in 1/57600 nat. Gröfse. 1 Sächs. Landverm. Meile =
500 1000 2000 3000 4000 5000 6000 7000 8000 9000 10000
Maafsstab einer geographischen Meile zu 13106,787 Dresdner Ellen = 3806,915 Toisen = 197
1/2

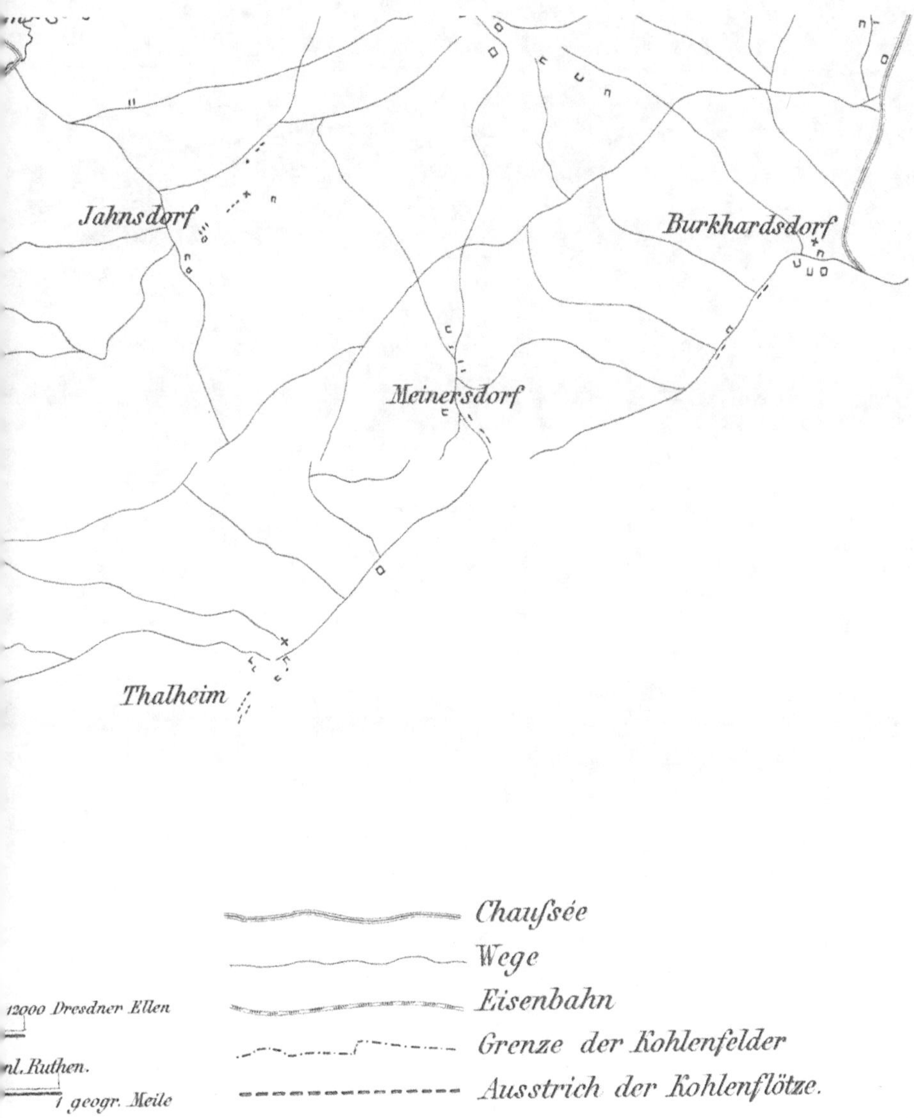
Jahnsdorf
Burkhardsdorf
Meinersdorf
Thalheim
12000 Dresdner Ellen
nl. Ruthen.
1 geogr. Meile
Chaufsée
Wege
Eisenbahn
Grenze der Kohlenfelder
Ausstrich der Kohlenflötze.

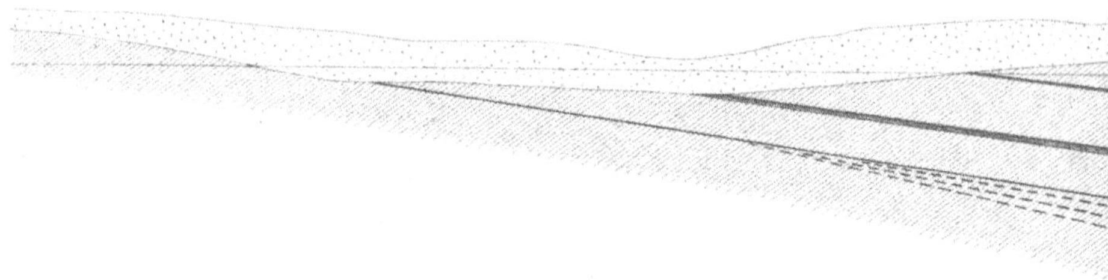

Maafsstab zu Fig. 1.

10 5 0 10 20 30 40 50 60 70 80 90 100 120 140 160 180 200 Lach

20 Lachter = 1 cm.

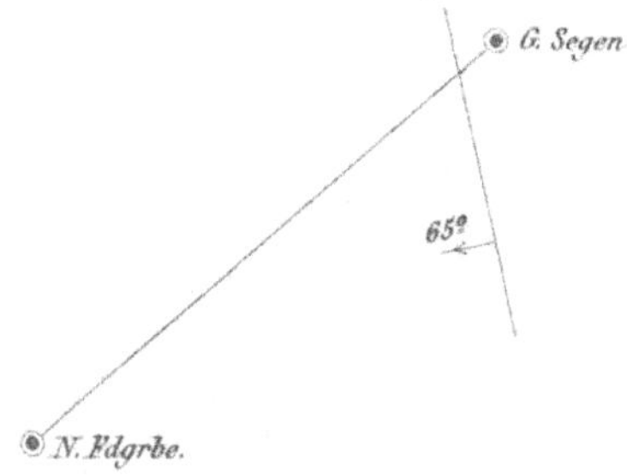

2. P

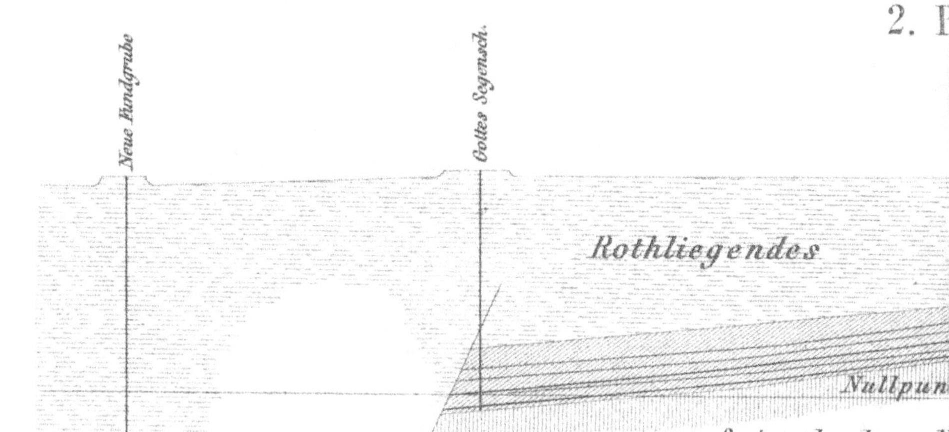

1. Profil aus der G

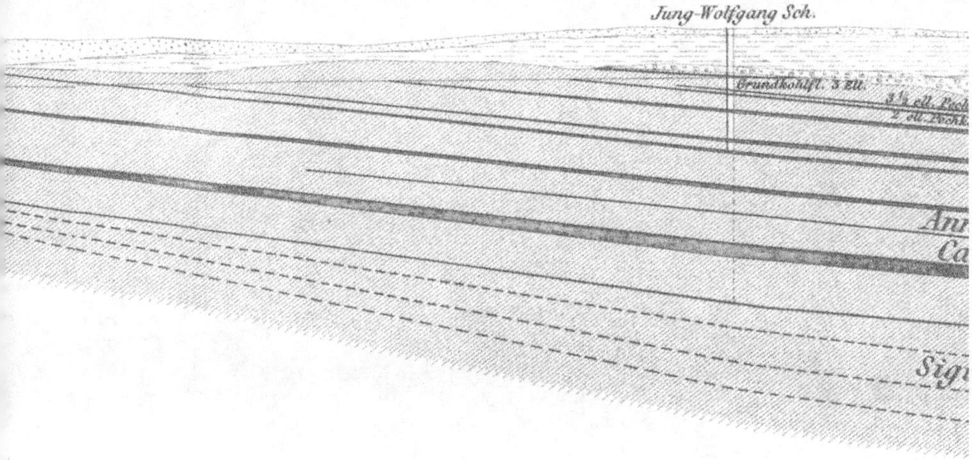

Profile aus der Gegend

nach der Linie AB.

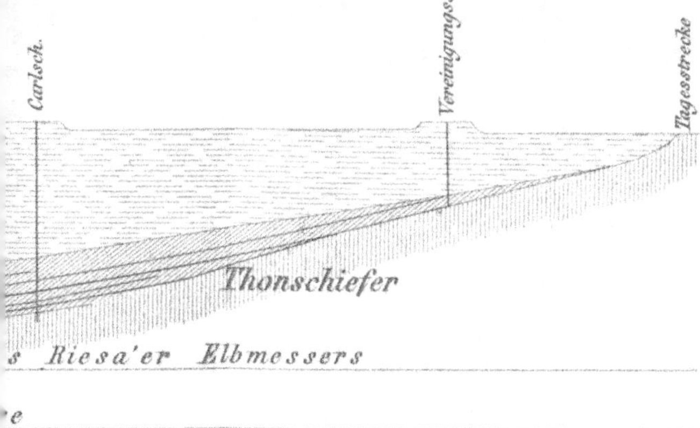

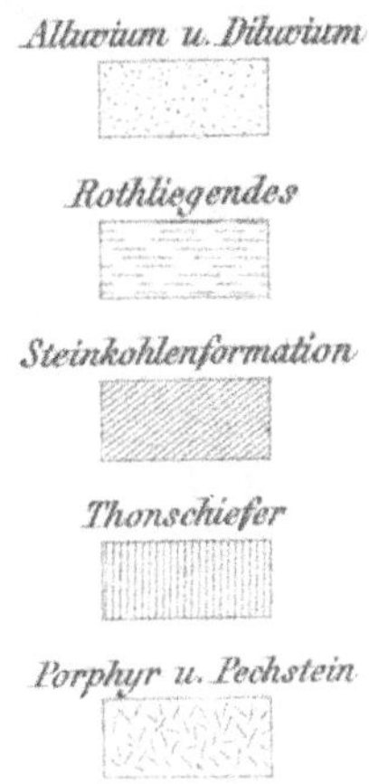

Maafsstab zu Fig. 2. un

egend von Zwickau.

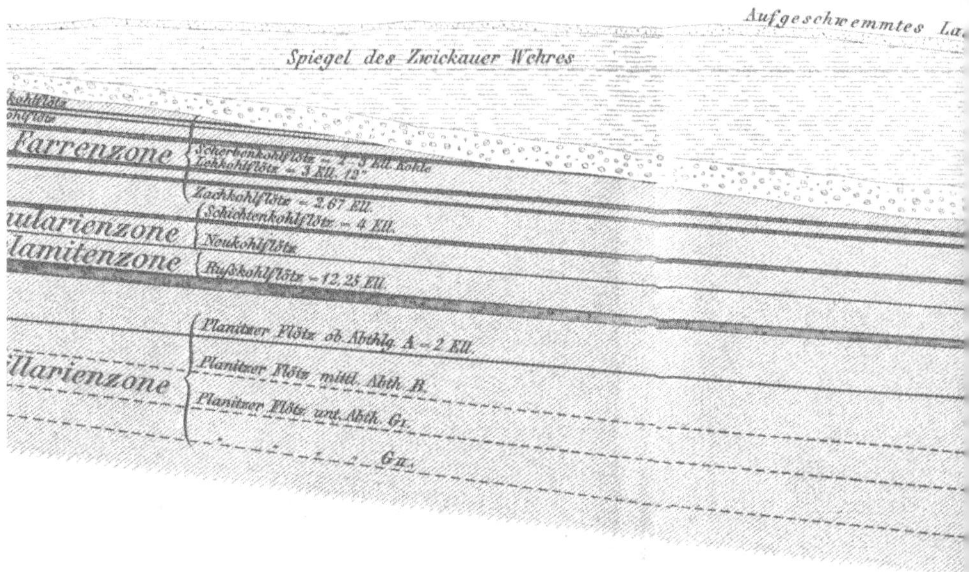

von Lugau.

3. Profil nach der Linie C D.

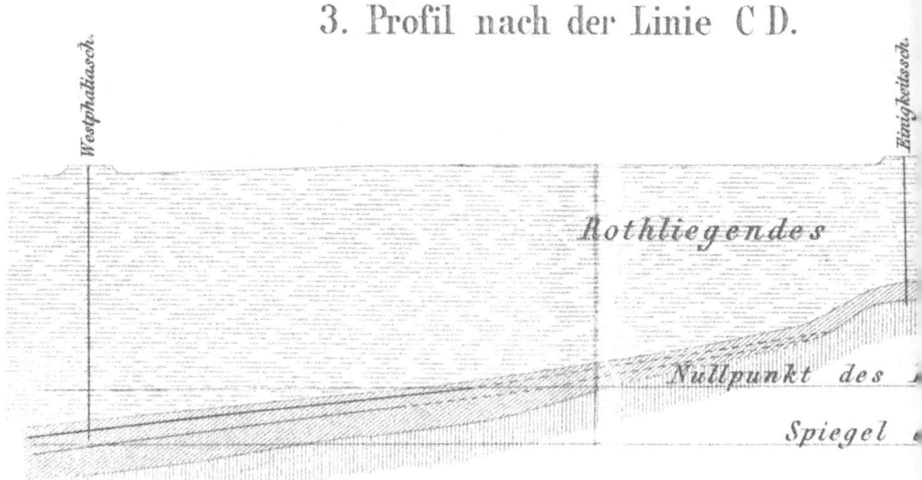

d 3.

400 500 600 700 Lachter à 2 Metres.
1/10000 d. n. Gr.

Taf. II.

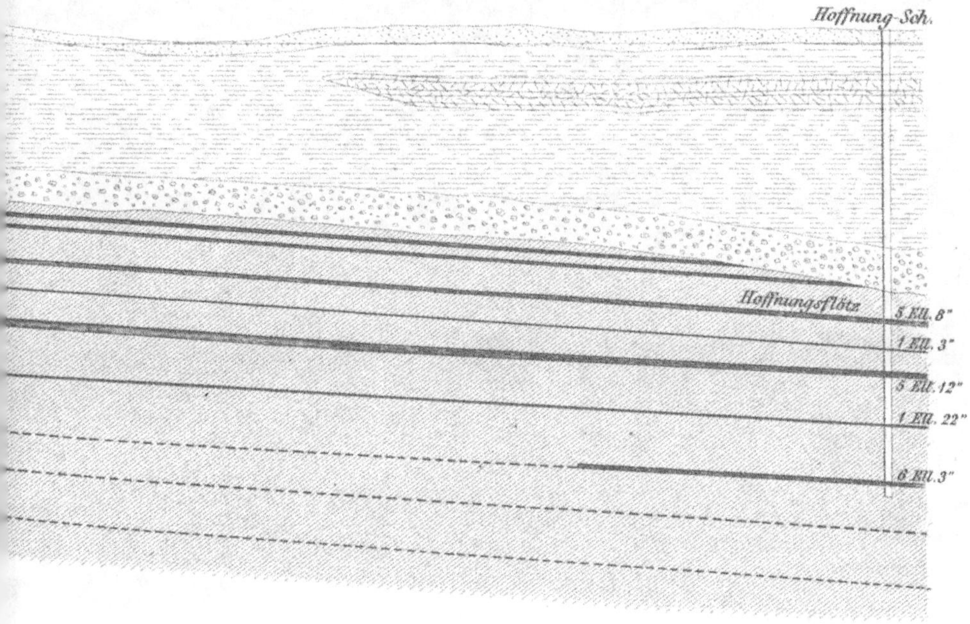
Hoffnung-Sch.
Hoffnungsflötz
5 Ell. 8"
1 Ell. 3"
5 Ell. 12"
1 Ell. 22"
6 Ell. 3"

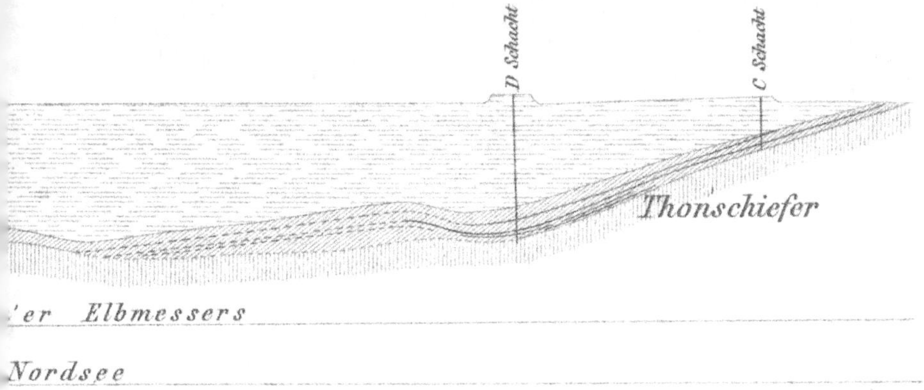
D Schacht
C Schacht
Thonschiefer
'er Elbmessers
Nordsee

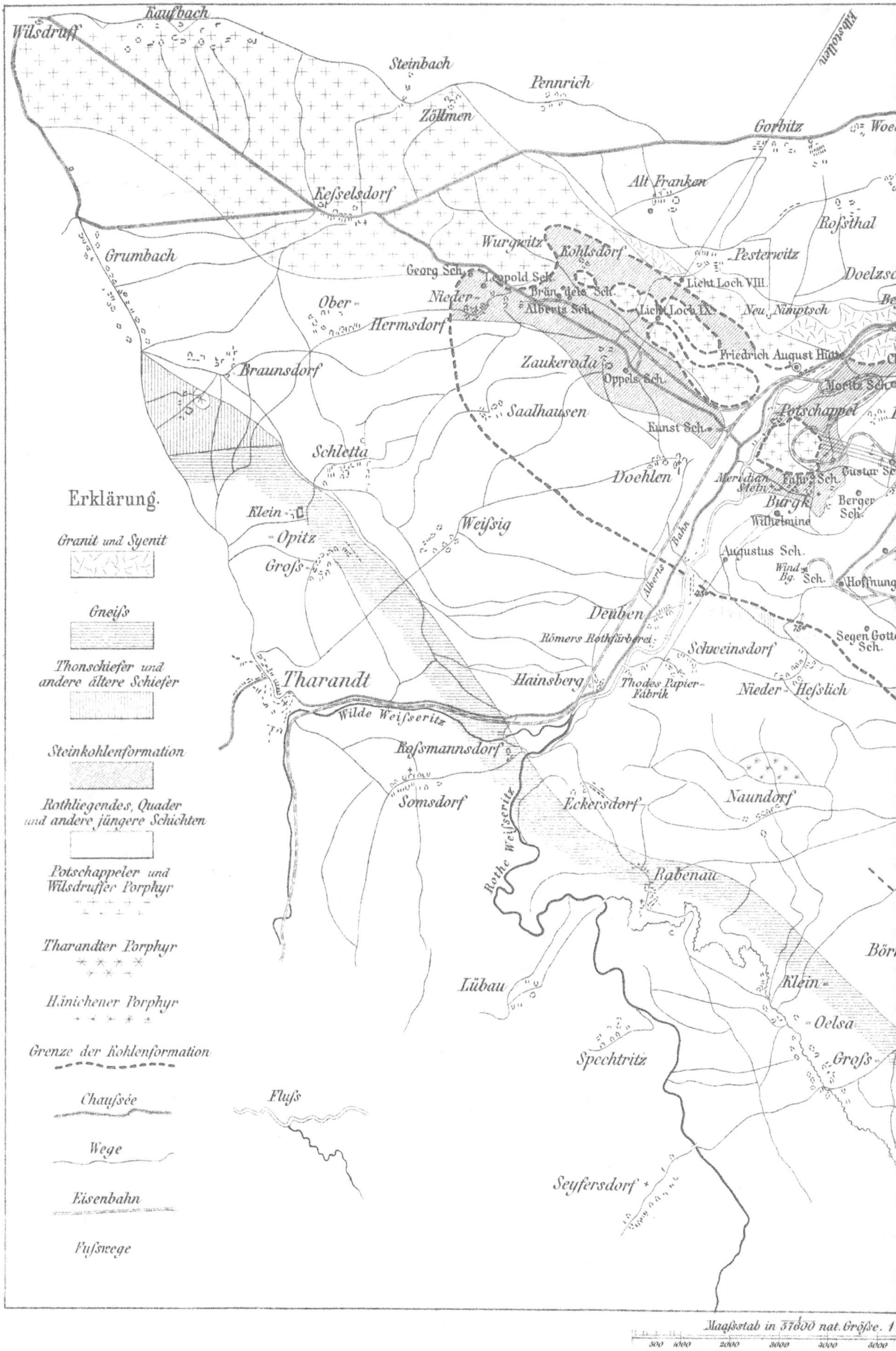
Wilsdruff
Kaufbach
Steinbach
Pennrich
Zöllmen
Gorbitz
Alt Franken
Kesselsdorf
Roßthal
Grumbach
Wurgwitz
Kohlsdorf
Pesterwitz
Georg Sch.
Leopold Sch.
Licht Loch VIII.
Doelzsch
Ober-
Nieder-
Hermsdorf
Alberts Sch.
Licht Loch IX.
Neu Nimptsch
Braunsdorf
Zaukeroda
Friedrich August Hütte
Oppels Sch.
Potschappel
Saalhausen
Kunst Sch.
Schletta
Doehlen
Meridian Stein
Burgk
Berger Sch.
Wilhelmine
Erklärung.
Klein-
Opitz
Weißig
Augustus Sch.
Groß-
Wind Bg. Sch.
Hoffnung
Alberts Bahn
Deuben
Römers Rothfärberei
Segen Gottes Sch.
Schweinsdorf
Tharandt
Hainsberg
Thodes Papier-Fabrik
Nieder-Heßlich
Wilde Weißeritz
Roßmannsdorf
Somsdorf
Eckersdorf
Naundorf
Rothe Weißeritz
Rabenau
Lübau
Klein-
Oelsa
Groß-
Spechtritz
Seyfersdorf
Granit und Syenit
Gneiß
Thonschiefer und andere ältere Schiefer
Steinkohlenformation
Rothliegendes, Quader und andere jüngere Schichten
Potschappeler und Wilsdruffer Porphyr
Tharandter Porphyr
Hänichener Porphyr
Grenze der Kohlenformation
Chaußée
Fluß
Wege
Eisenbahn
Fußwege
Maaßstab in 37600 nat. Größe.
Maaßstab einer geographischen Meile zu 1310

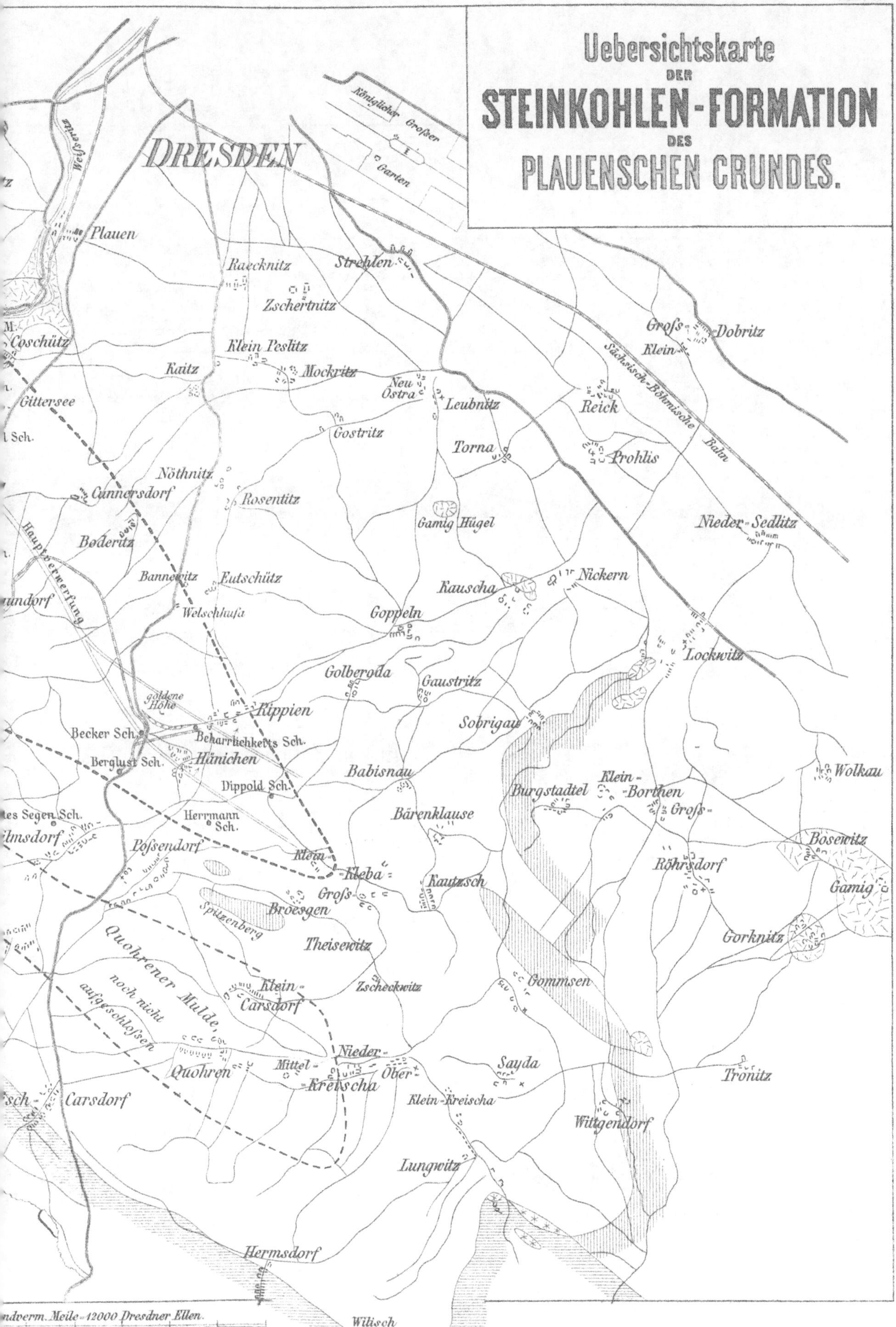
Uebersichtskarte
DER
STEINKOHLEN-FORMATION
DES
PLAUENSCHEN GRUNDES.
DRESDEN
Königlicher Großer Garten
Weißeritz
Plauen
Raecknitz
Strehlen
Zschertnitz
Coschütz
Klein Peslitz
Kaitz
Mockritz
Neu Ostra
Leubnitz
Gittersee
Gostritz
Torna
Groß- Dobritz
Klein-
Sächsisch-Böhmische Bahn
Reick
Prohlis
Nöthnitz
Cunnersdorf
Rosentitz
Gamig Hügel
Nieder-Sedlitz
Boderitz
Bannewitz
Eutschütz
Kauscha
Nickern
Hauptverwerfung
Welschhufa
Goppeln
Lockwitz
Golberoda
Gaustritz
goldene Höhe
Rippien
Sobrigau
Becker Sch.
Beharrlichkeits Sch.
Berglust Sch.
Hänichen
Babisnau
Wolkau
Dippold Sch.
Klein-
Burgstadtel
-Borthen
Groß-
Bärenklause
Herrmann Sch.
Possendorf
Bosewitz
Klein-
Kleba
Röhrsdorf
Groß-
Kautzsch
Gamig
Broesgen
Spitzenberg
Theisewitz
Gorknitz
Quohrener Mulde, noch nicht aufgeschlossen
Klein-Carsdorf
Zscheckwitz
Gommsen
Nieder-
Mittel-
Ober-
Kreischa
Sayda
Tronitz
Quohren
Carsdorf
Klein-Kreischa
Wittgendorf
Lungwitz
Hermsdorf
Wilisch Berg
1 geogr. Meile

SACHSEN. Pl

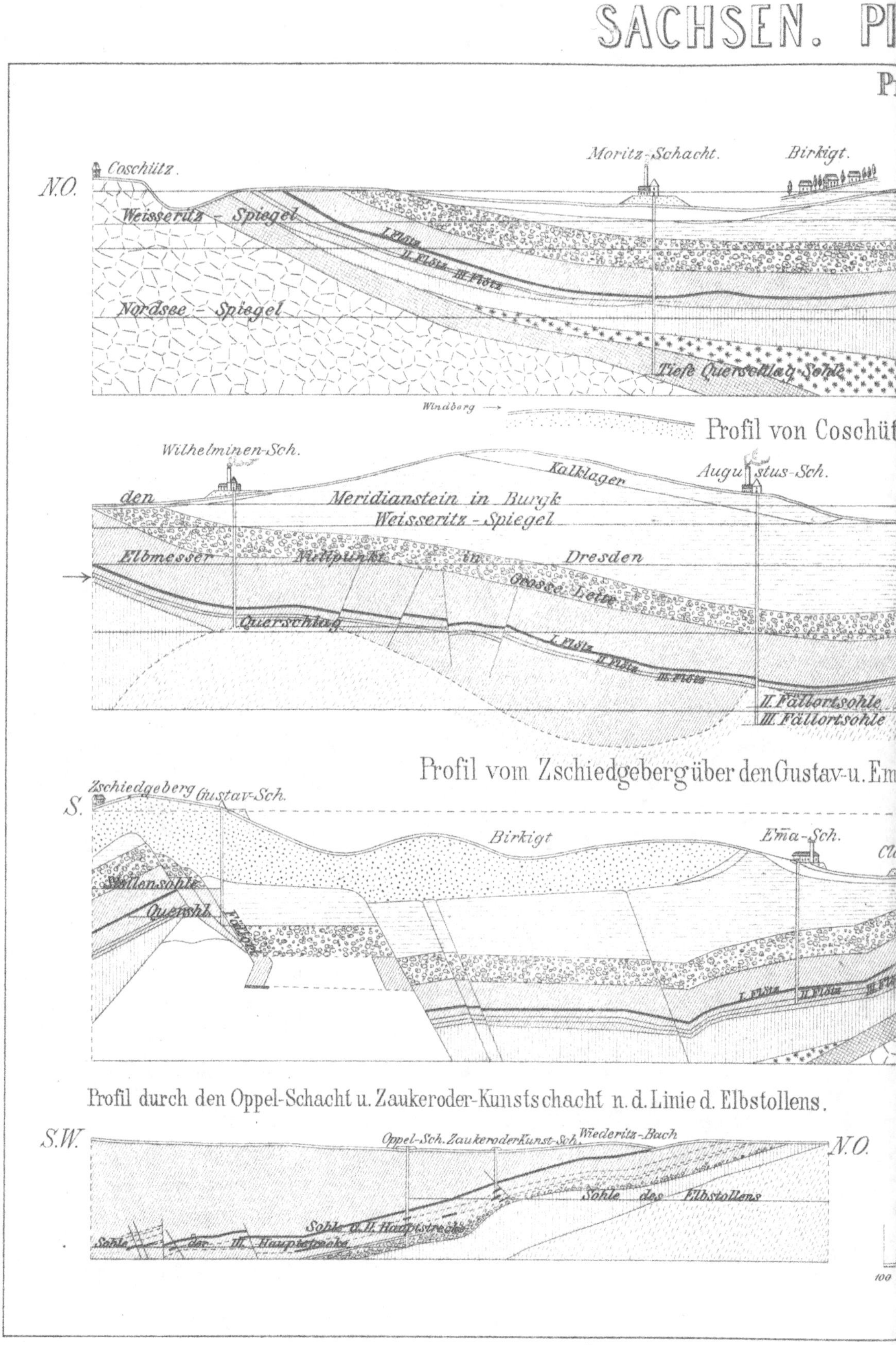

Profil von Coschüt

Profil vom Zschiedgeberg über den Gustav-u. Em

Profil durch den Oppel-Schacht u. Zaukeroder-Kunstschacht n. d. Linie d. Elbstollens.

…en'scher Grund.

Taf. IV.

…e.

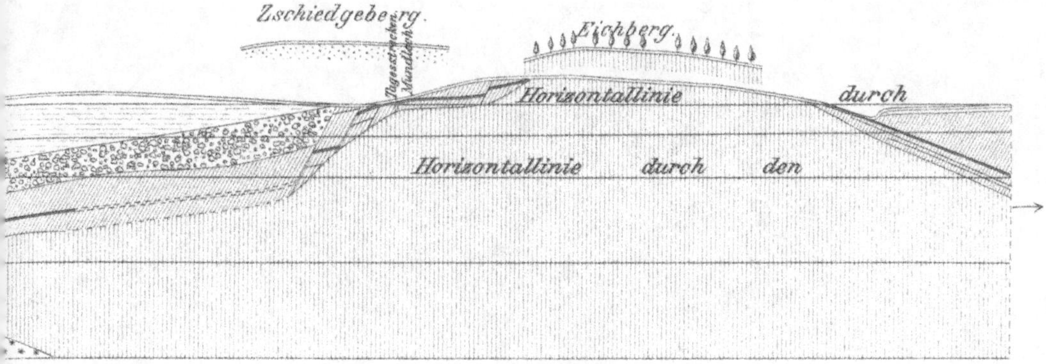

… den Moritz-,Wilhelminen-u. Augustus-Schacht.

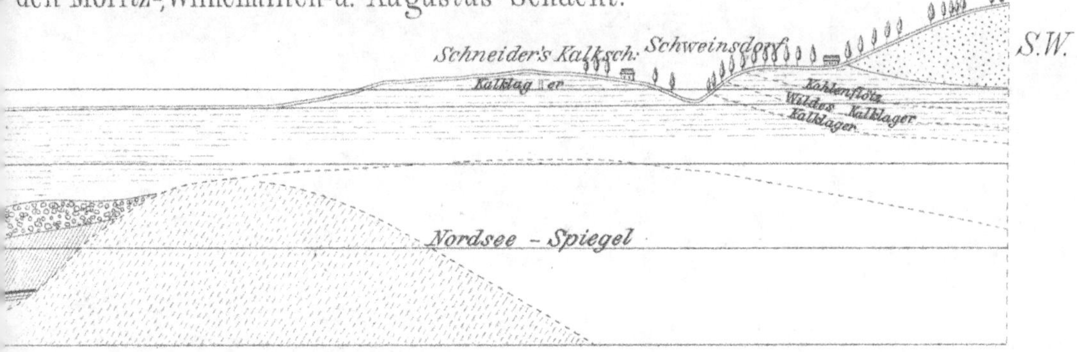

…hacht bis zur Begersburg.

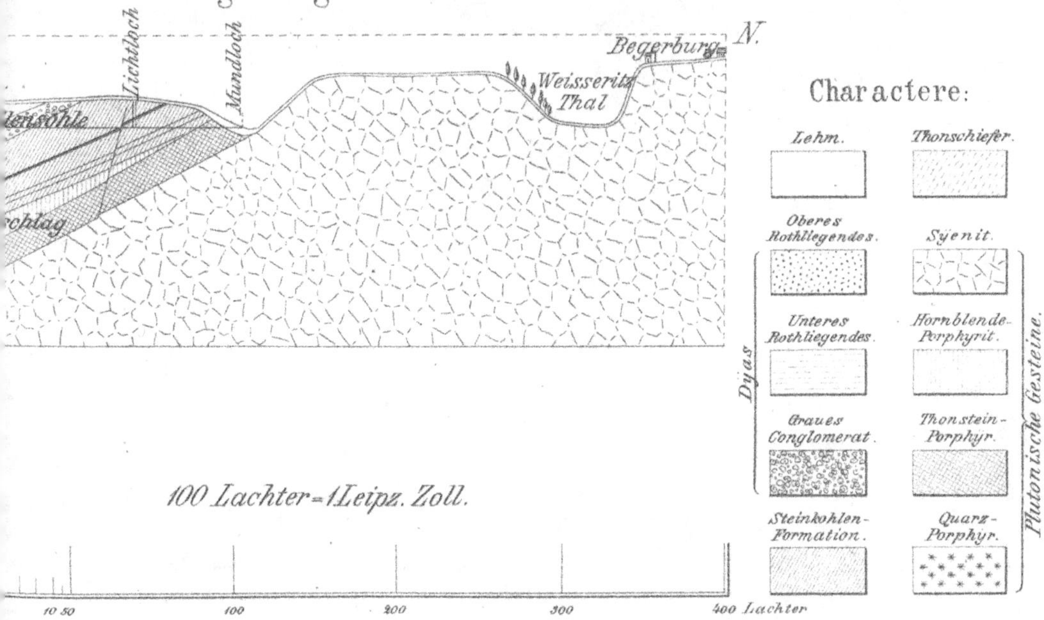

Uebersichts-Karte der STE

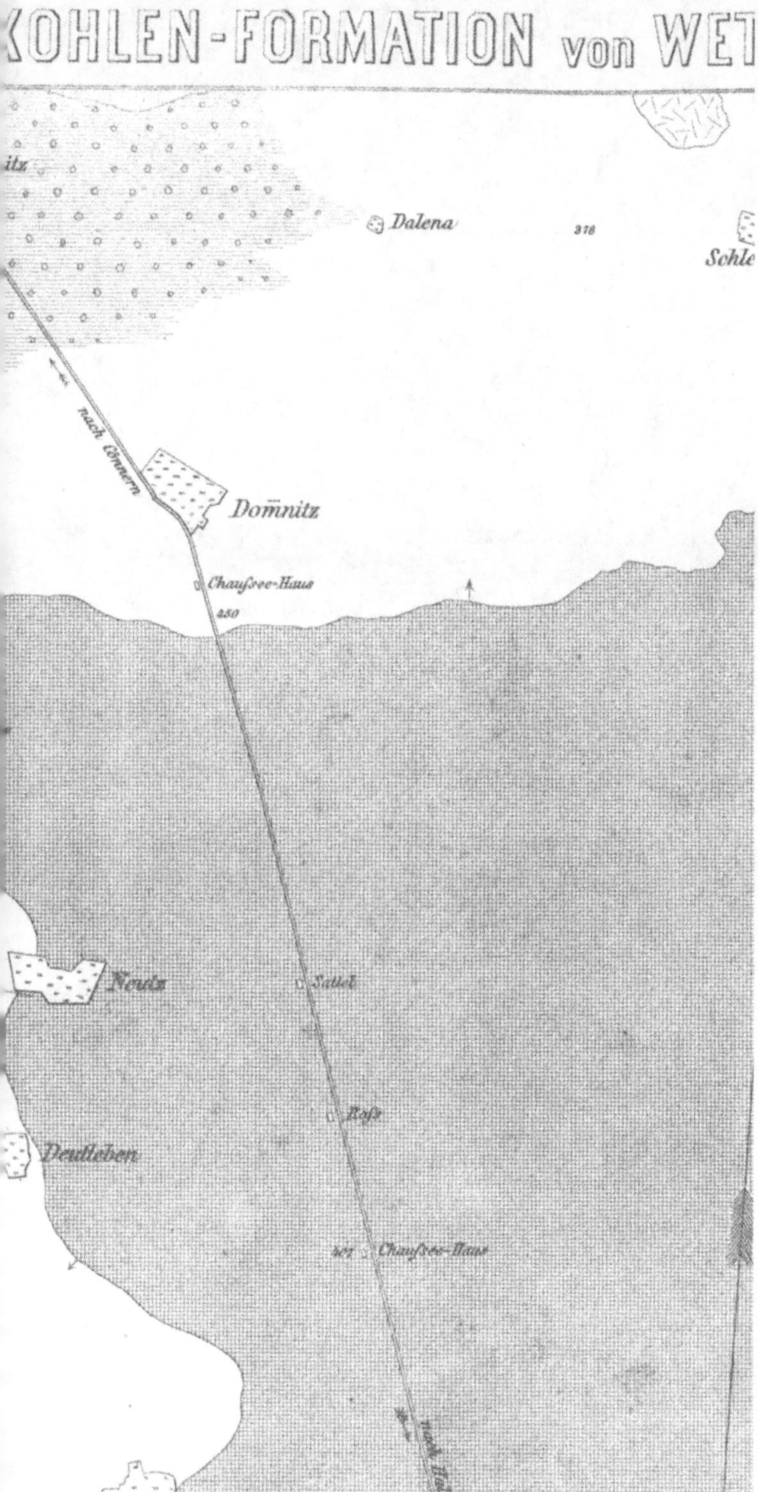
KOHLEN-FORMATION von WET
Dalena
378
Schle
nach Cönnern
Domnitz
Chaussee-Haus
250
Neutz
Sattel
Deutleben
Chaussee-Haus
nach Halle
Lettewitz
100 50 0 100 200 300 400 500 600 700 800 900

TTIN, LOEBEJÜN und PLÖTZ im

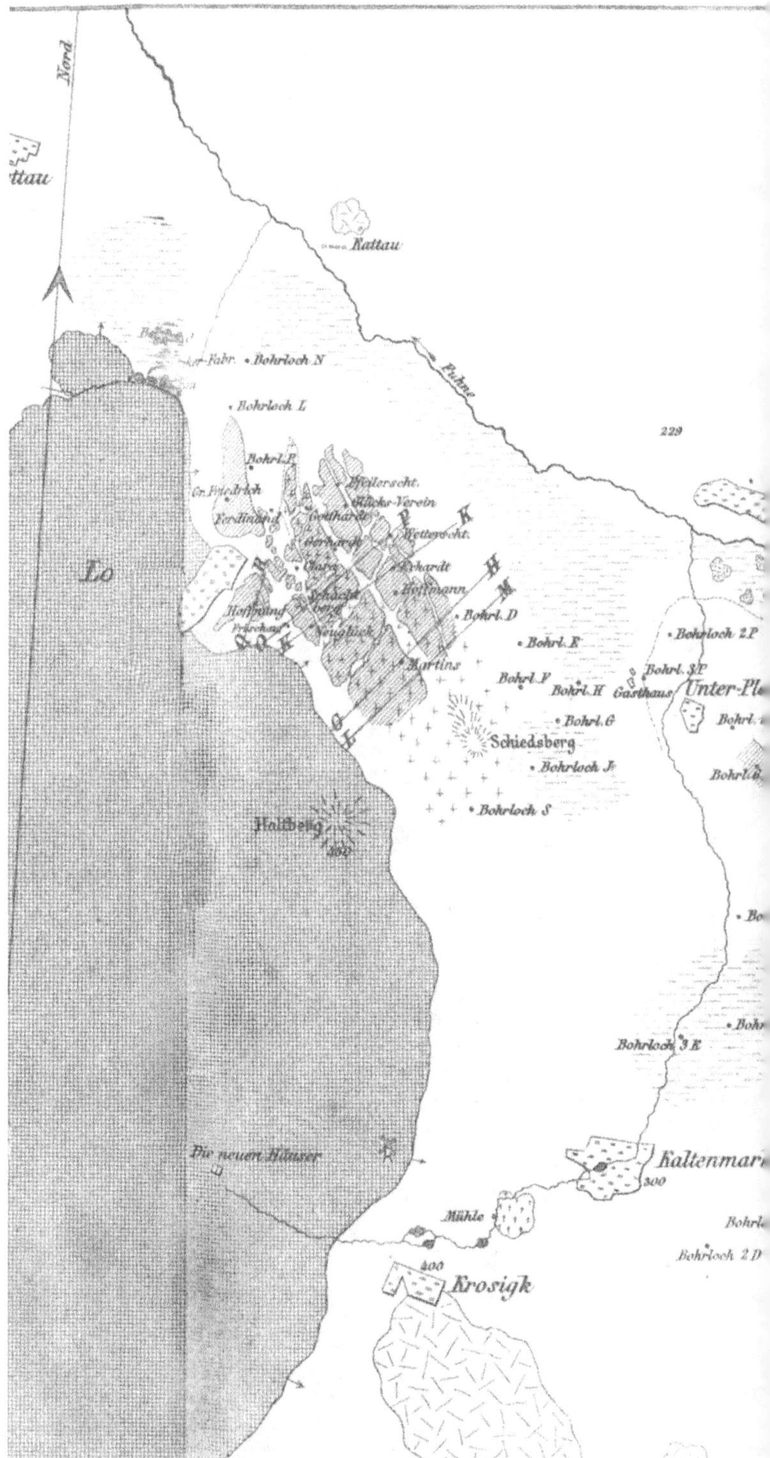

r-Berg-Amts-Bezirk Halle.

Taf. V.

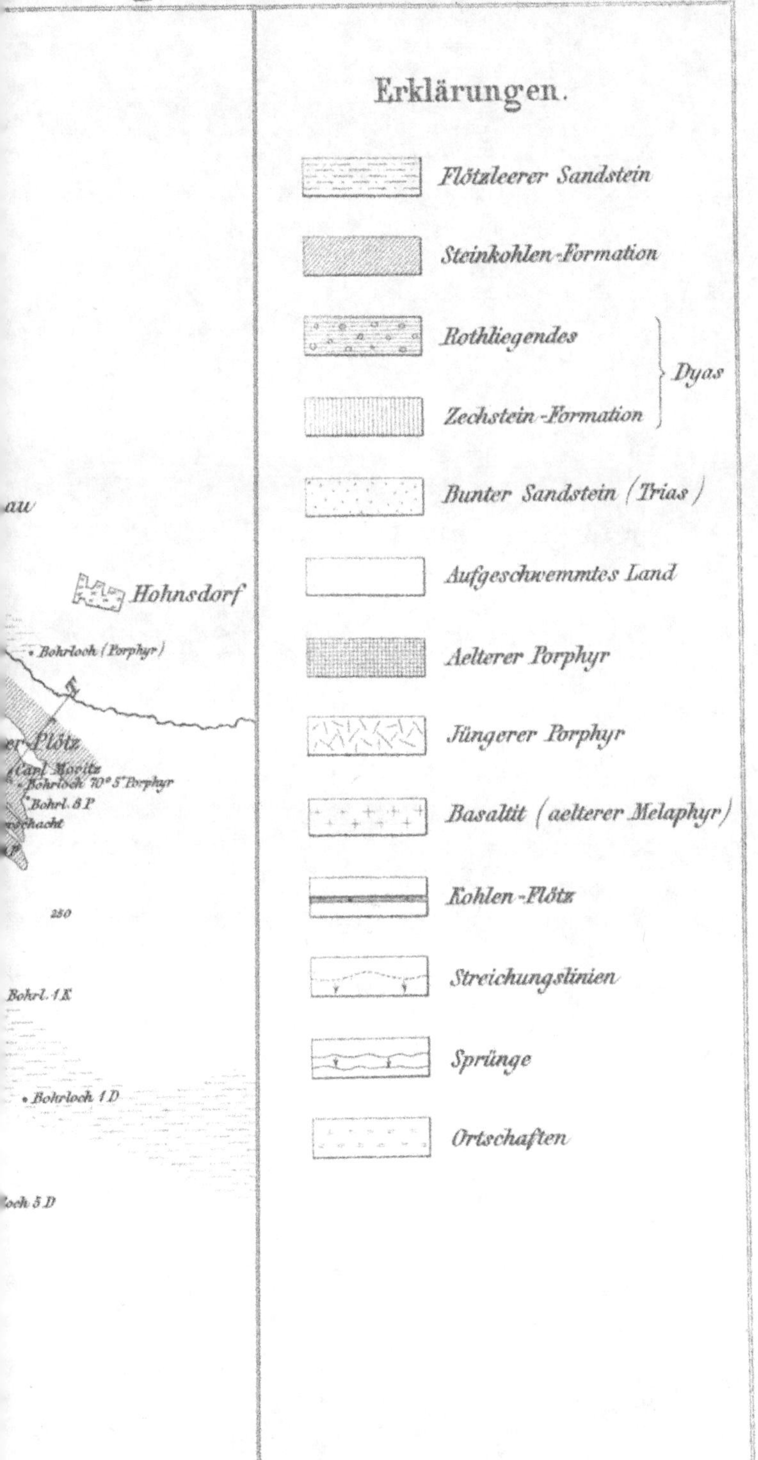

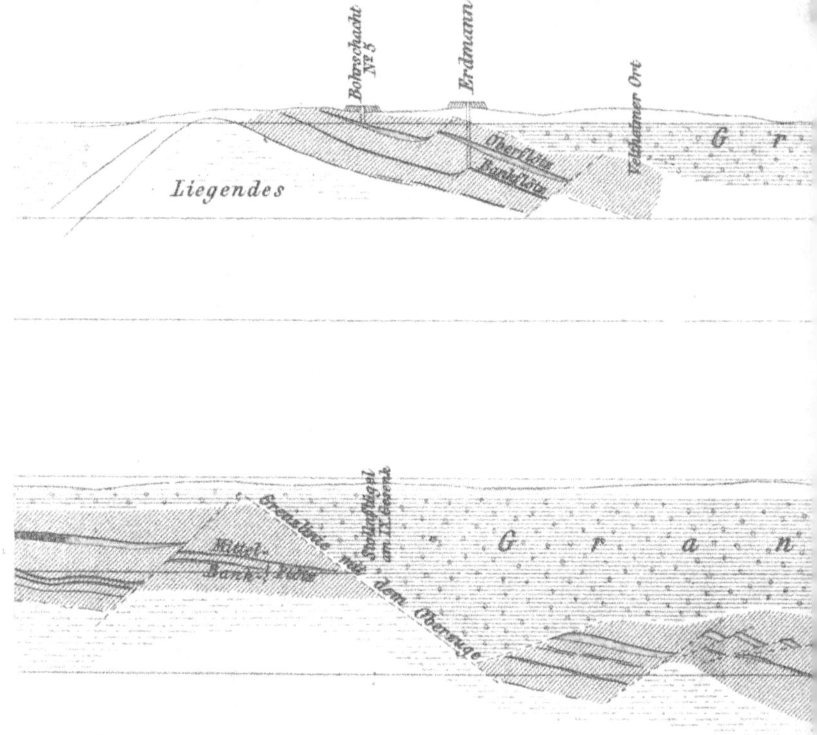

Profil nach C D.

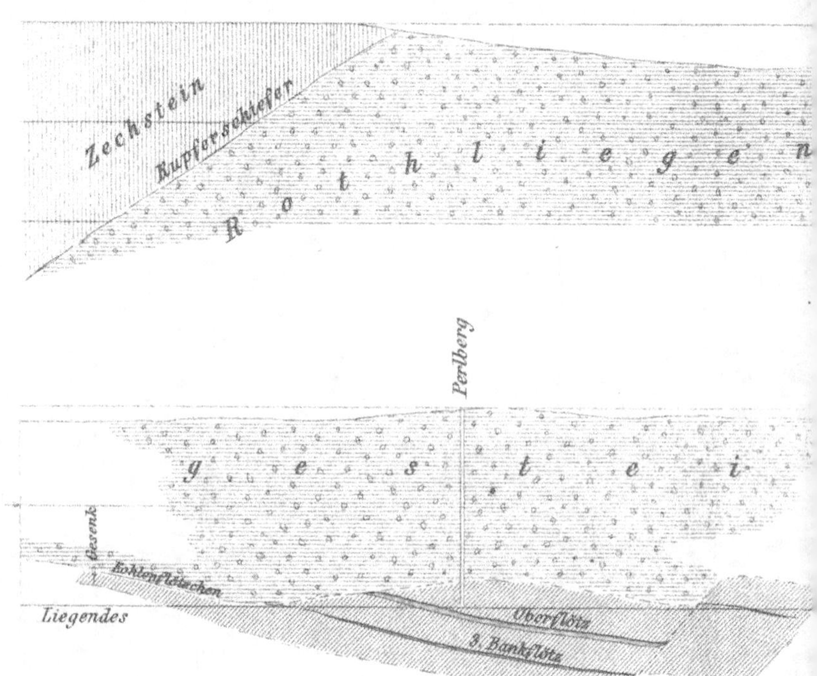

Wiefel del.

Kohlen-Format

Profil nach A B.

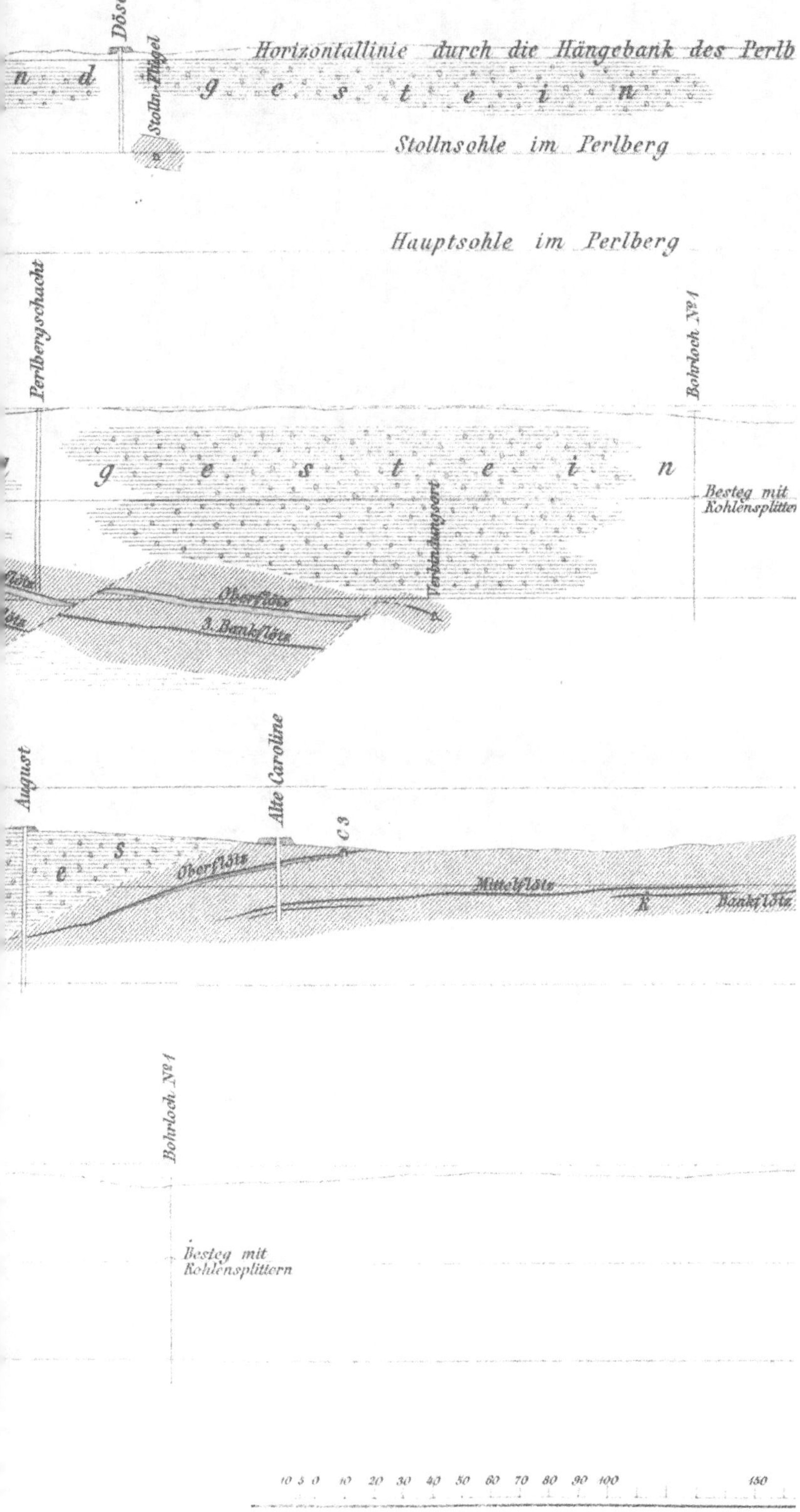

ion bei Wettin.

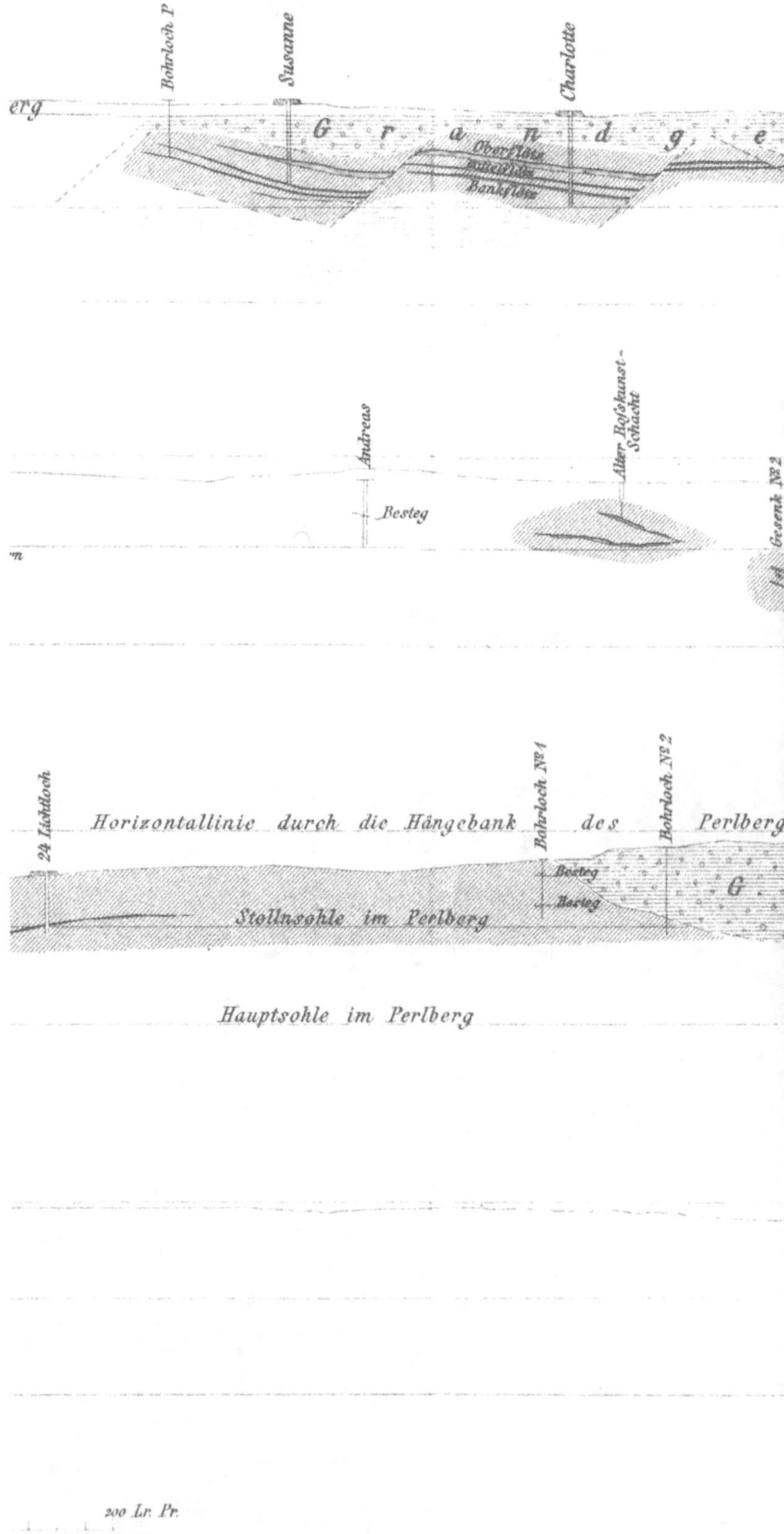

Taf. VI.

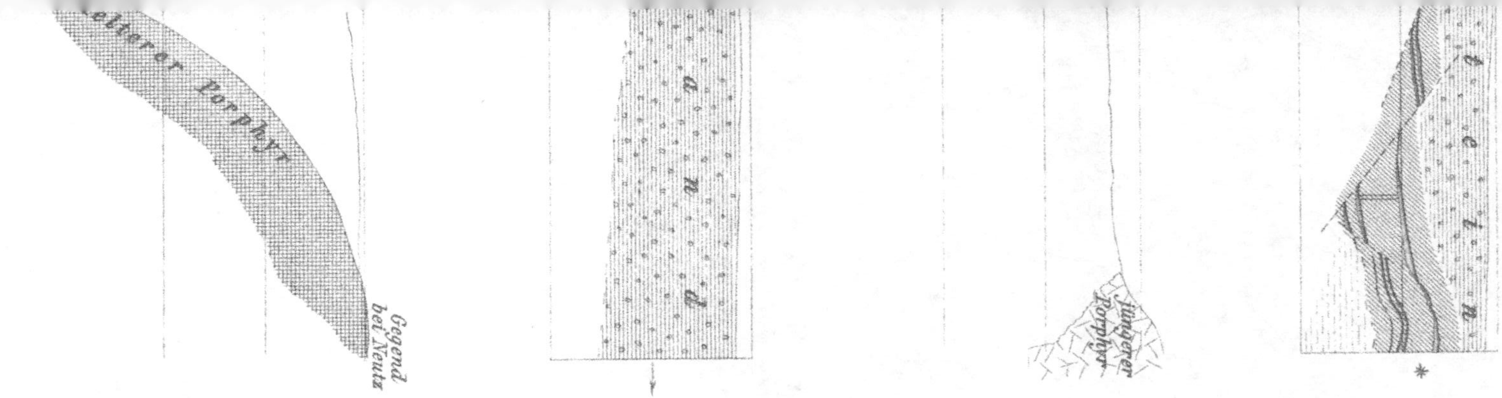

Profil nach E F.

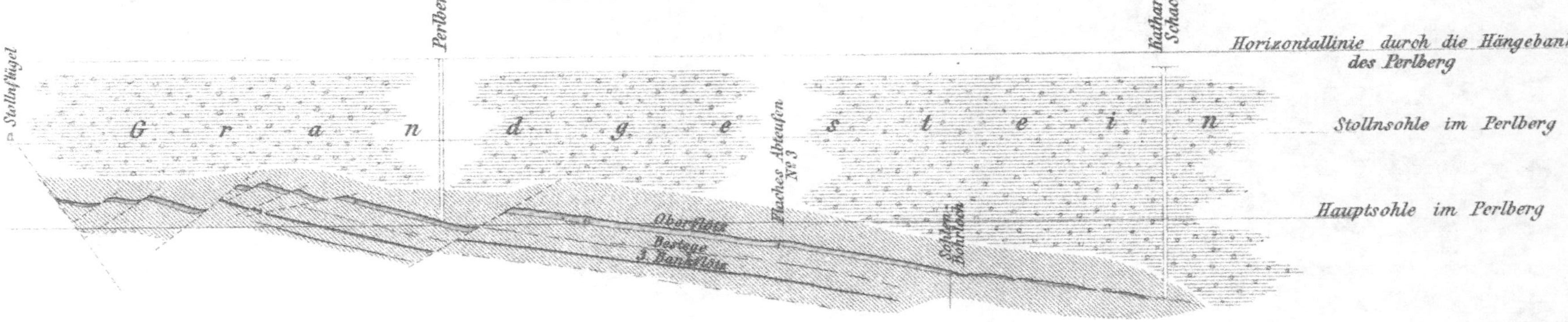

KOHLENFORMATION von STOCKHEIM und

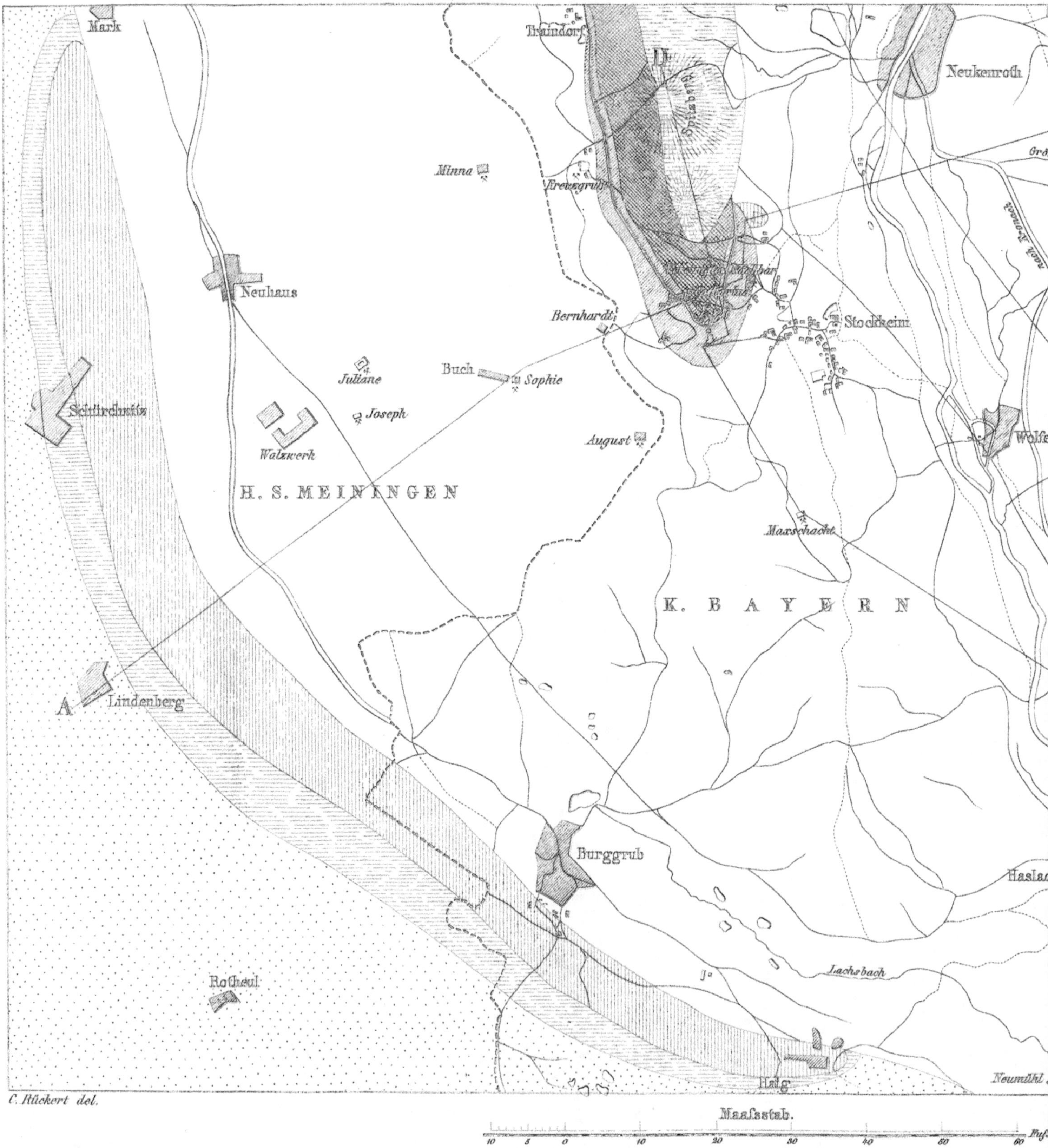

C. Rückert del.

UHAUS.

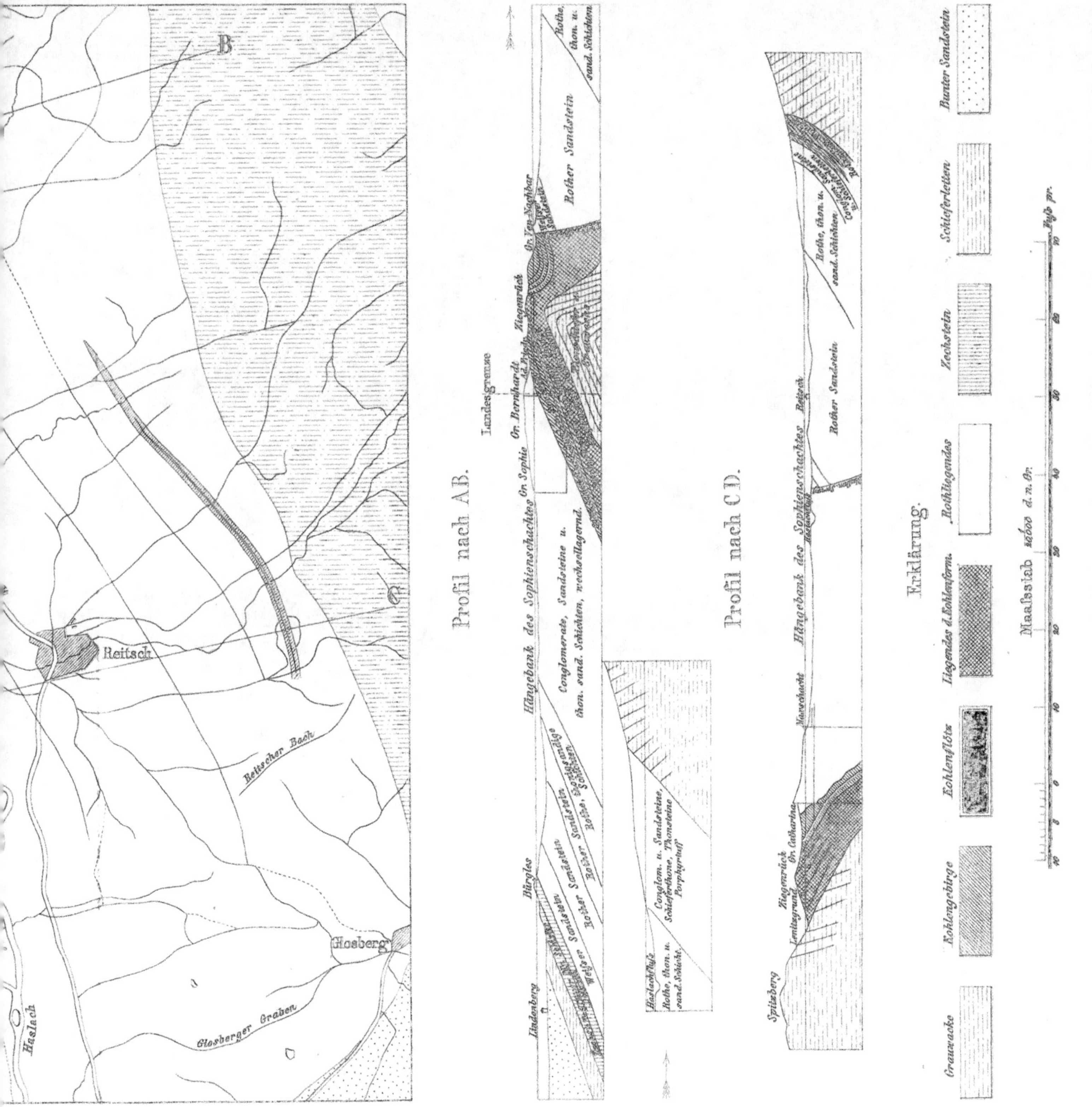
B
Reitsch
Reitscher Bach
Glosberg
Glosberger Graben
Haslach
Profil nach AB.
Profil nach CD.
Landesgrenze
Hängebank des Sophienschachtes
Rother Sandstein
Erklärung.
Grauwacke
Kohlengebirge
Kohlenflötz
Liegendes d. Kohlenform.
Rothliegendes
Zechstein
Schieferletten
Bunter Sandstein
Maafsstab

d. n. Gr.

Karte und Profile der Gegend

Fig. 1.

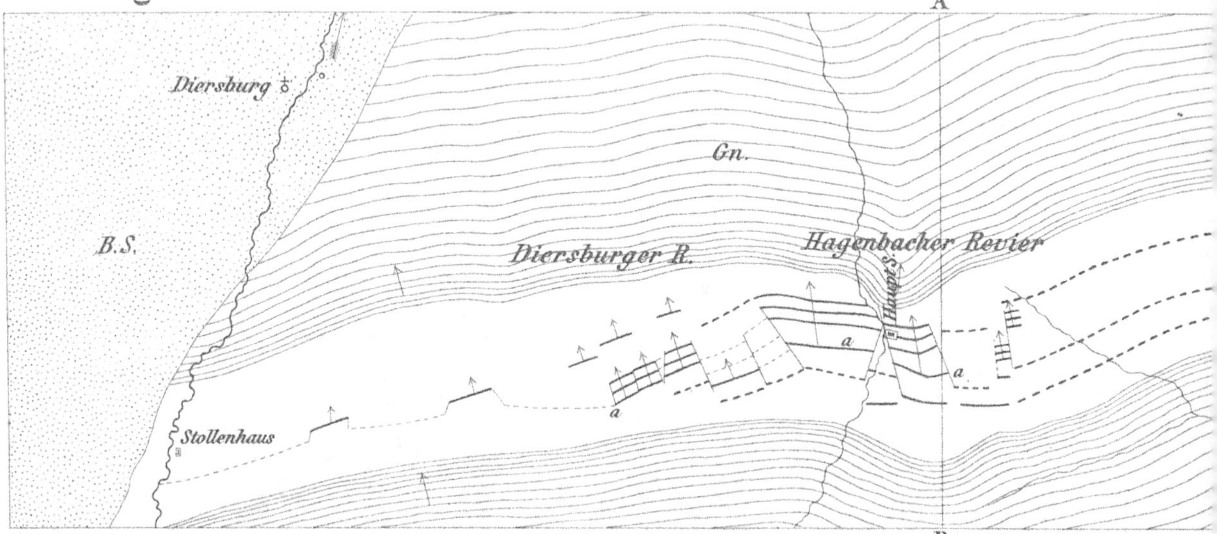

Fig. 4.

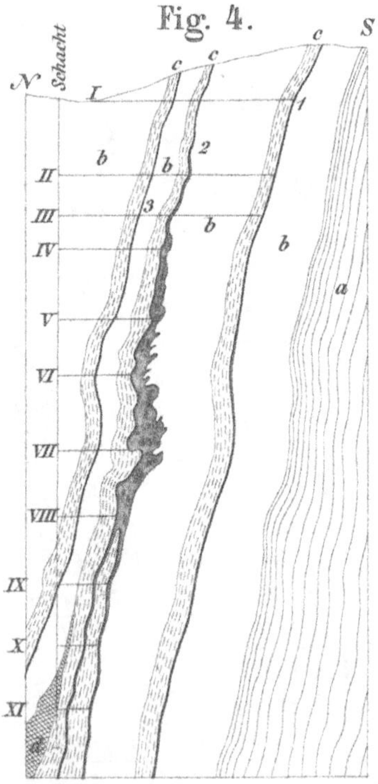

Fig. 2.

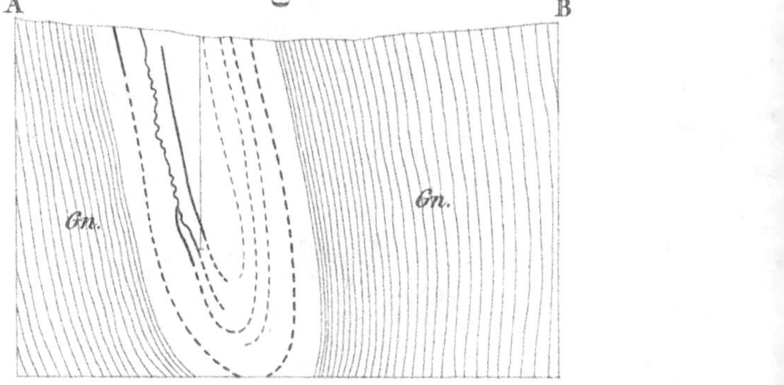

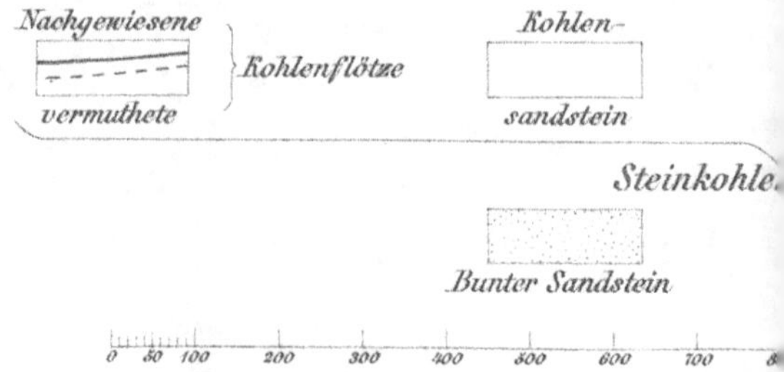

Berghaupten im Schwarzwald.

Taf. IX.

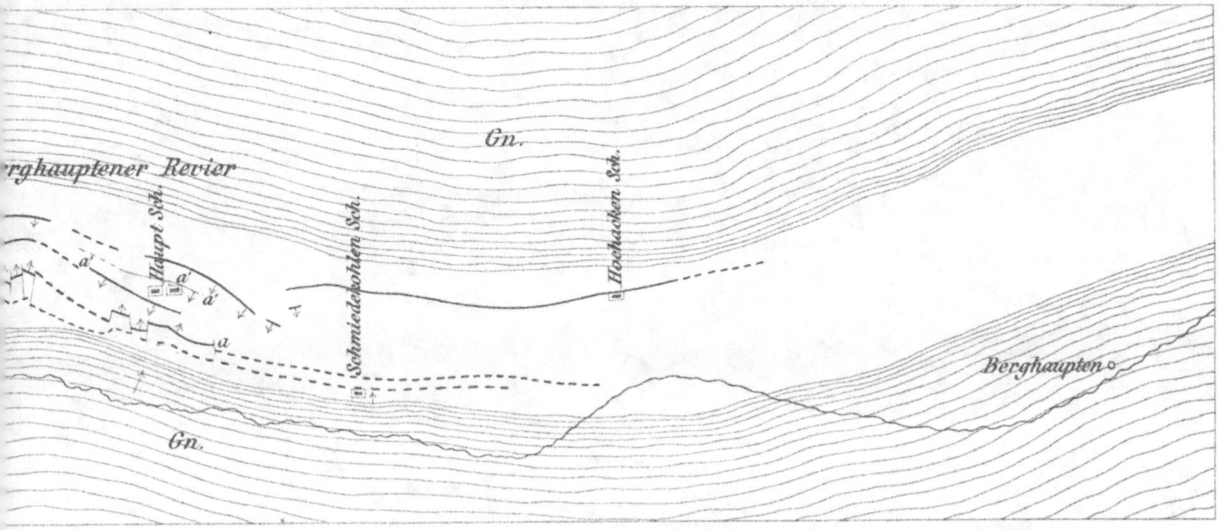

Fig. 3.

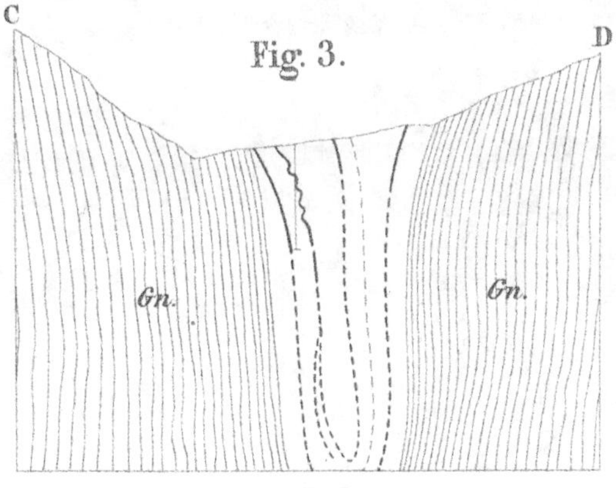

Fig. 5.

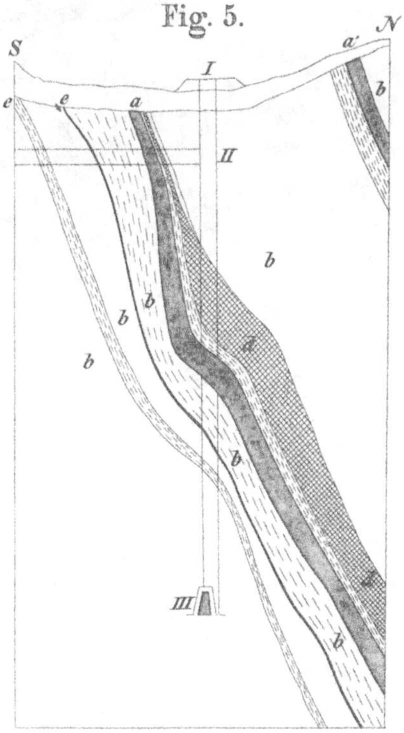

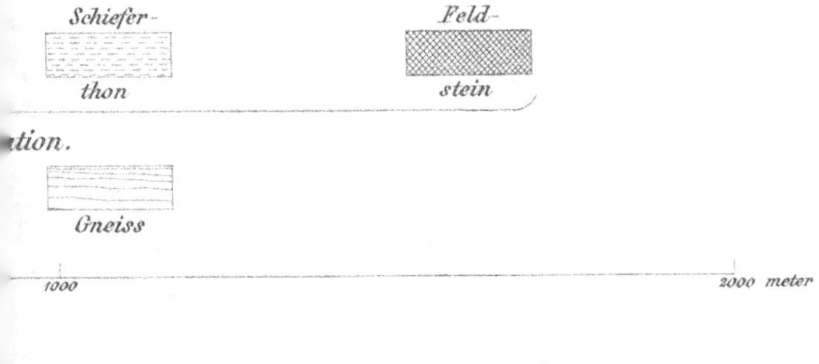

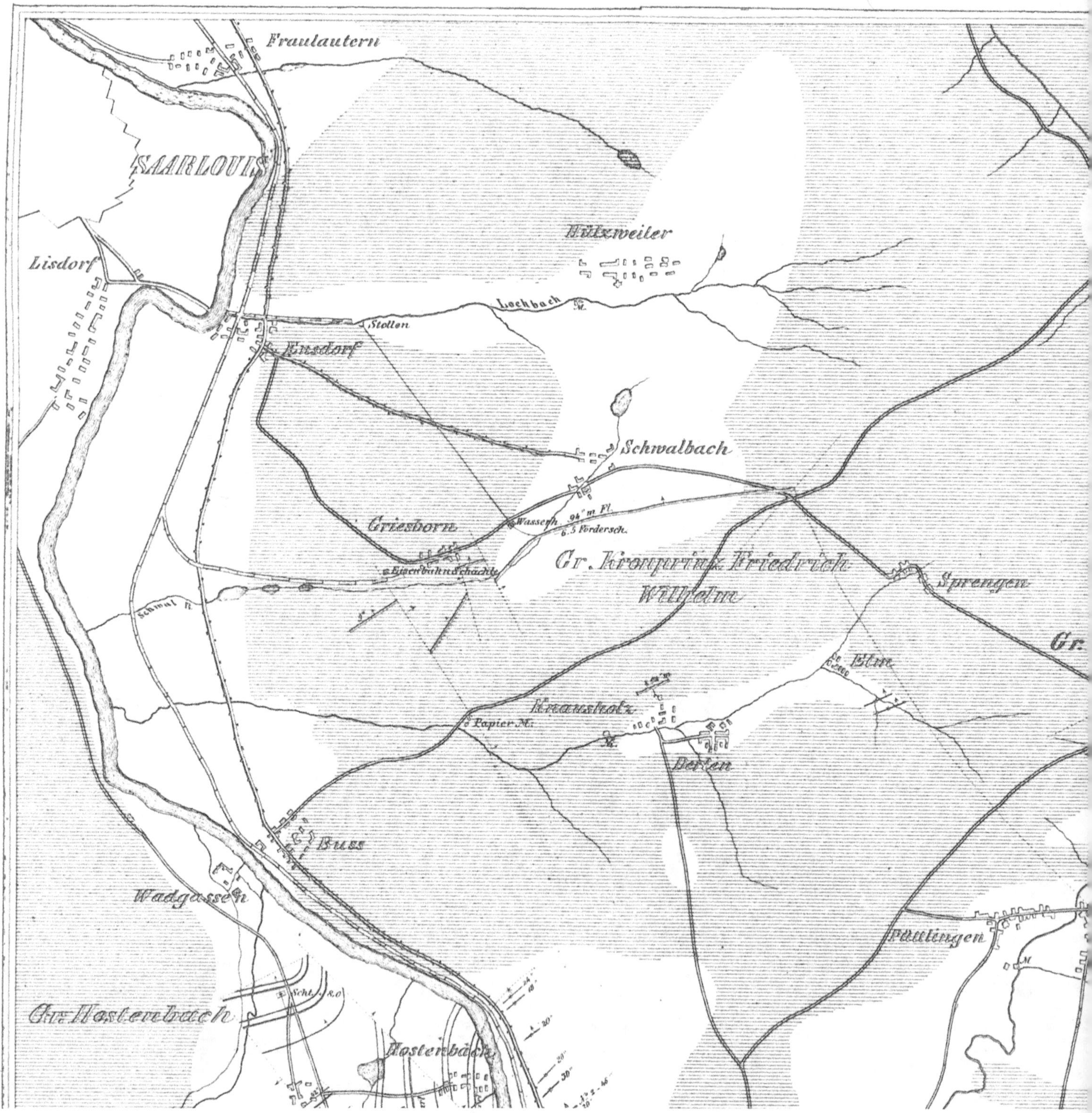
Fraulautern
SAARLOUIS
Lisdorf
Hülzweiler
Lochbach
Stollen
Ensdorf
Schwalbach
Griesborn
Eisenbahnschächte
Gr. Kronprinz Friedrich Wilhelm
Sprengen
Elm
Knausholz
Papier M.
Derlen
Buss
Wadgassen
Gr. Hostenbach
Hostenbach
Püttlingen

Eiweiler
Hellenhausen
Gr. Kronprinz
Ob. Salbach
Hirtel
Kirschhof
Kurhof
Nd. Salbach
Hausweiler
Numborn
Dilsburg
Rittershof
Berschweiler
Gr. Kronprinz
Herchenbach
Bielscheid
Walpershofen
Rittenhofen
Gr. Guichenbach
Hilschbach
Cöln
Sellerbach
Ziegelhütte
Guichenbach
Engelfangen
Frohmanns Hütte
Colonie Buchenschachen
Riegelsberger Hof
Gr. v. d. Heydt
Wolfsgarten

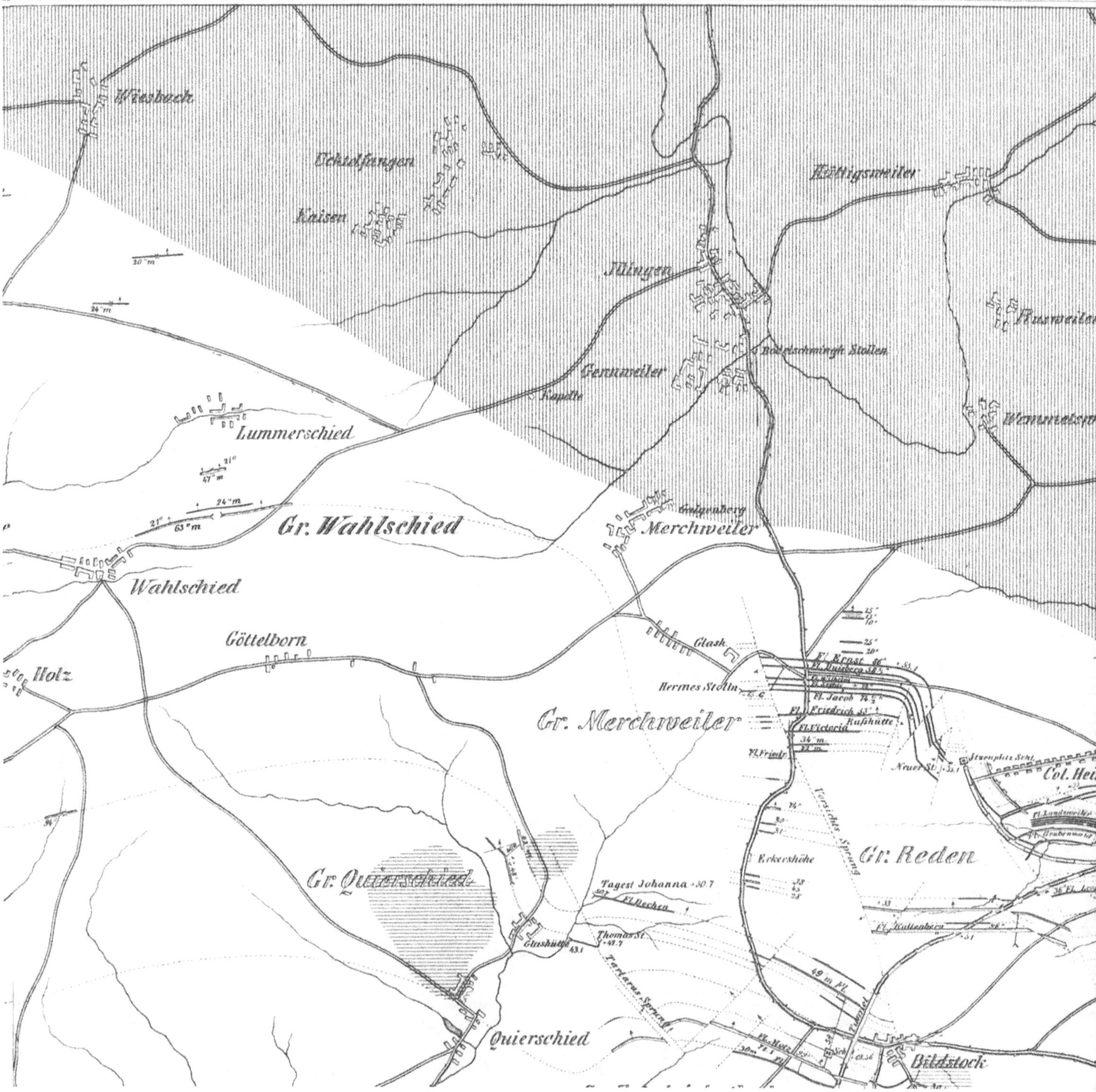
Wiesbach
Kaisen
Illingen
Gennweiler
Kapelle
Lummerschied
Gr. Wahlschied
Wahlschied
Galgenberg
Merchweiler
Göttelborn
Holz
Hermes Stolln
Gr. Merchweiler
Gr. Reden
Erkershöhe
Gr. Quierschied
Glashütte
Quierschied
Bildstock

T. X.

KARTE
von dem
STEINKOHLEN-DISTRIKT
bei
SAARBRÜCKEN.
Landsweiler
Schiffweiler
Gr. Kohlwald
Wiebelskirchen
Hangard
Gr. Wellesweiler
Sennerbach
Fl. Kallenberg
Sprung
Ziehwald Stolln

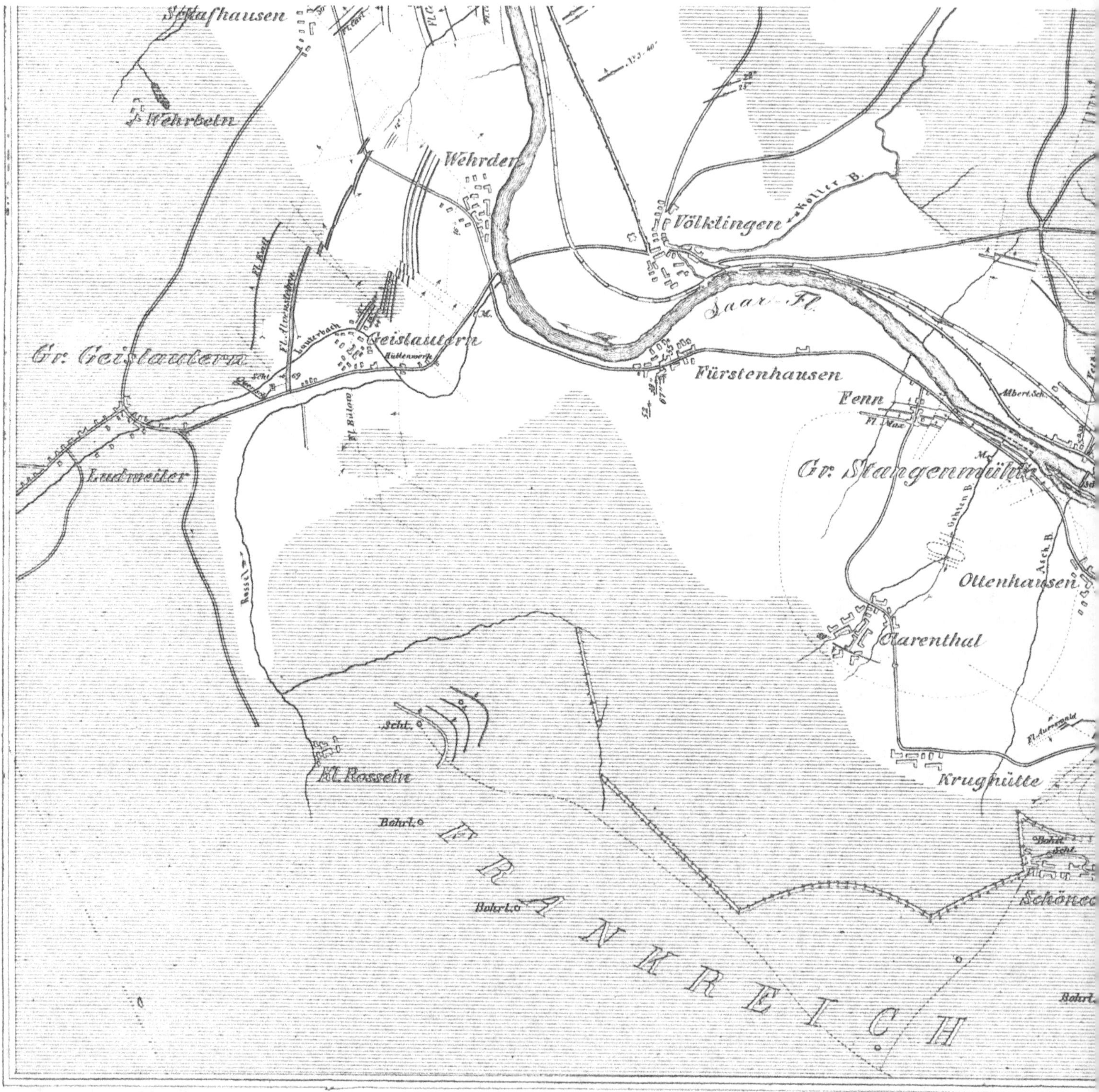
Schafhausen
Wehrden
Völklingen
Köller B.
Saar-Fl.
Gr. Geislautern
Geislautern
Fürstenhausen
Fenn
Ludweiler
Gr. Stangenmühle
Ottenhausen
Clarenthal
Rossel
Kl. Rosseln
Krughütte
Bohrl.
FRANKREICH

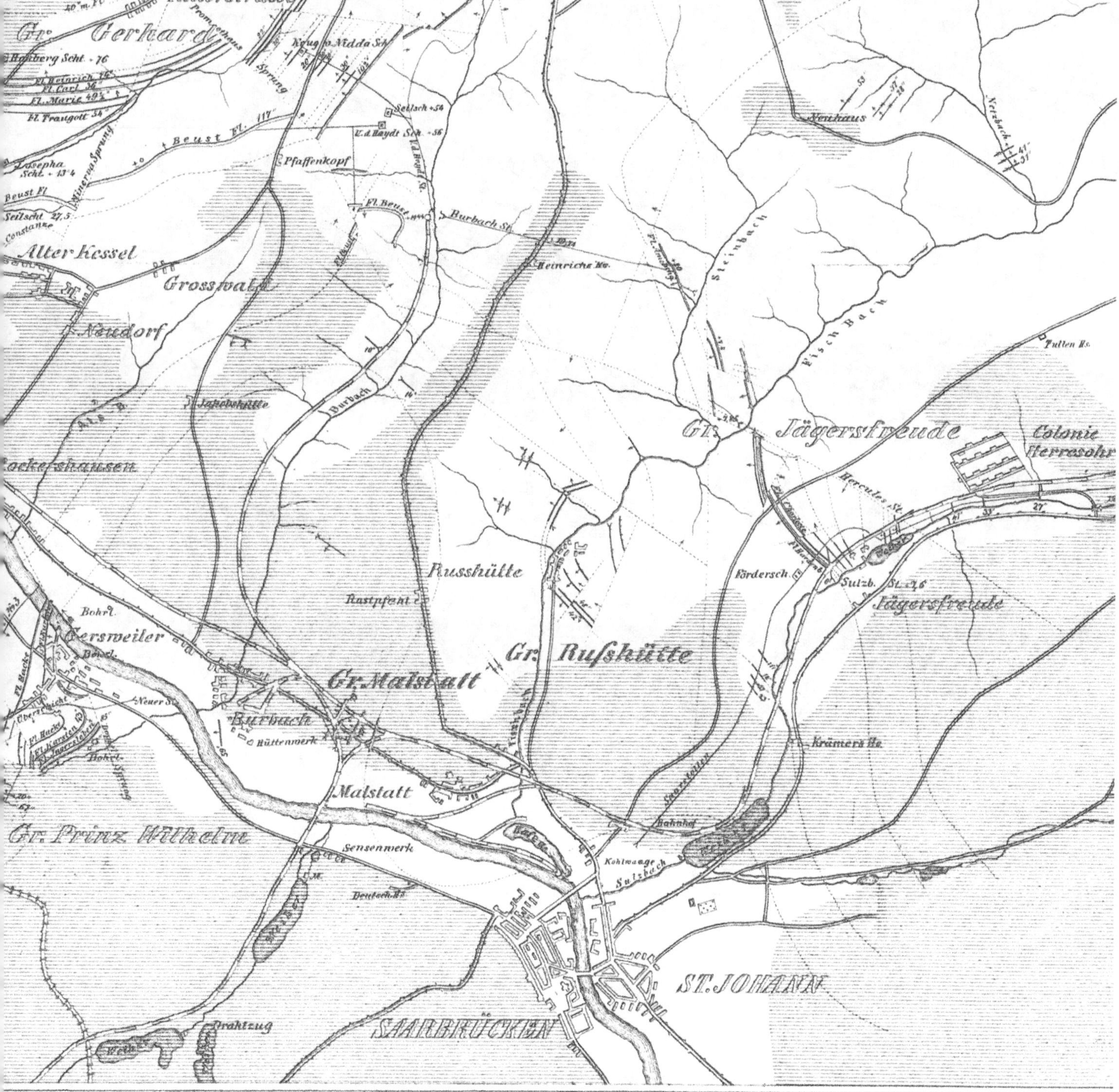
Rillerstrasse
Gr. Gerhard
Pfaffenkopf
Alter Kessel
Grosswald
Neudorf
Burbach St.
Heinrichs Hs.
Neuhaus
Steinbach
Fisch Bach
Tullen Hs.
Gr. Jägersfreude
Colonie Herrnsohr
Hercules St.
Fördersch.
Jägersfreude
Russhütte
Gr. Rußhütte
Gersweiler
Gr. Malstatt
Burbach
Hüttenwerk
Malstatt
Krämers Hs.
Bahnhof
Gr. Prinz Wilhelm
Sensenwerk
Kohlwaage
Sulzbach
ST. JOHANN
SAARBRÜCKEN
Drahtzug

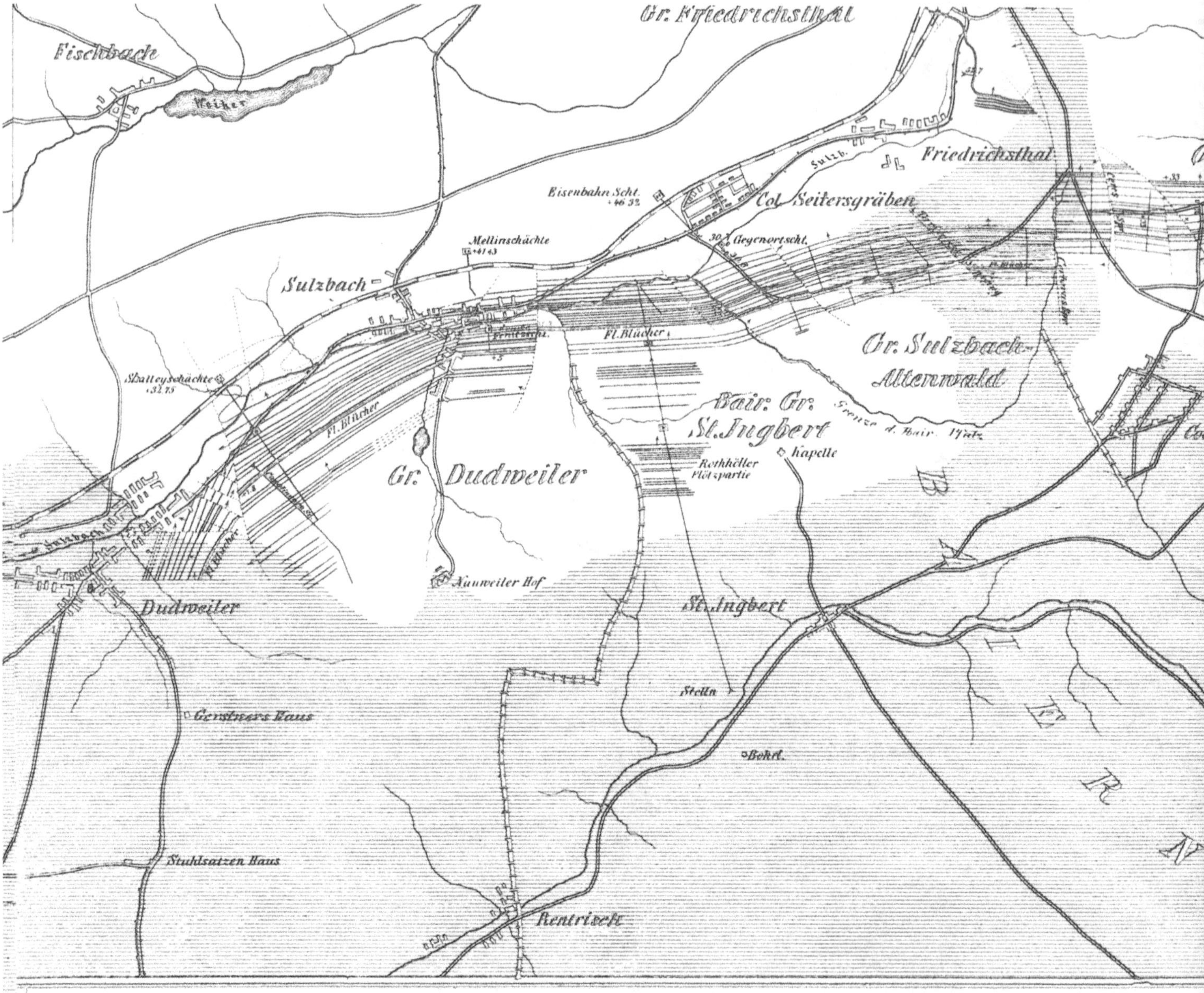
Gr. Friedrichsthal
Fischbach
Weiher
Friedrichsthal
Col. Seitersgräben
Eisenbahn Scht.
Mellinschächte
Gegenortscht.
Sulzbach
Fl. Blücher
Gr. Sulzbach-Altenwald
Bair. Gr. St. Ingbert
Kapelle
Rothhöller Flötzpartie
Gr. Dudweiler
Dudweiler
Hauweiler Hof
St. Ingbert
Stolln
Gerstners Haus
Stuhlsatzen Haus
Rentrisch
Bunter Sandstein
500 400 300 200 100 0
500
1000
450 350 250 150 50

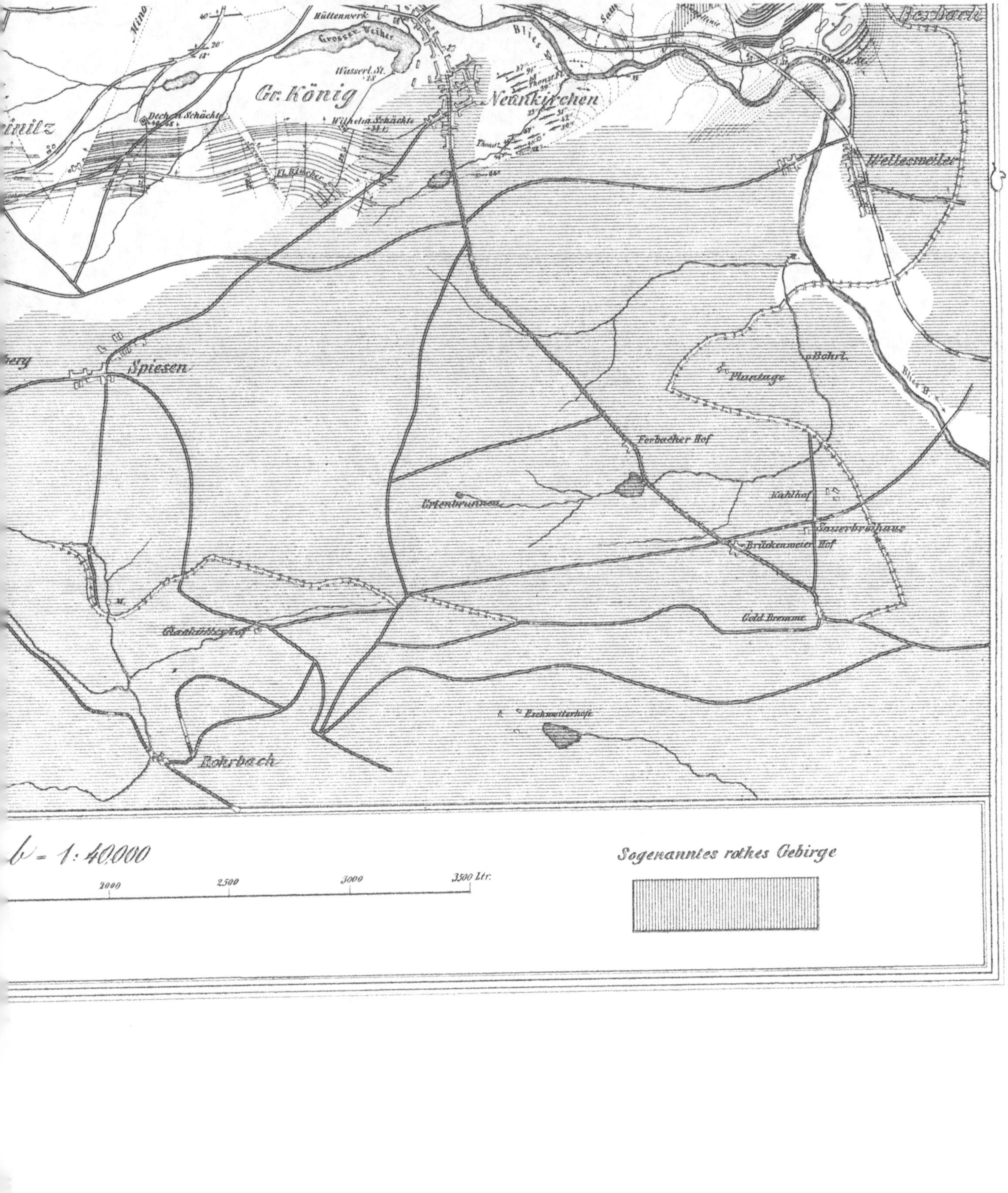
Hüttenwerk
Grosser Weiher
Bexbach
Blies
Wasserl. St.
Gr. König
Neunkirchen
Dechen Schächte
Wilhelm Schächte
Fl. Blücher
Wellesweiler
Spiesen
Plantage
Forbacher Hof
Erlenbrunnen
Kahlhof
Sauerbrunnen
Brückenweiler Hof
Gold Brunnen
Eschweilerhof
Rohrbach
b = 1: 40,000
2000
2500
3000
3500 Ltr.
Sogenanntes rothes Gebirge

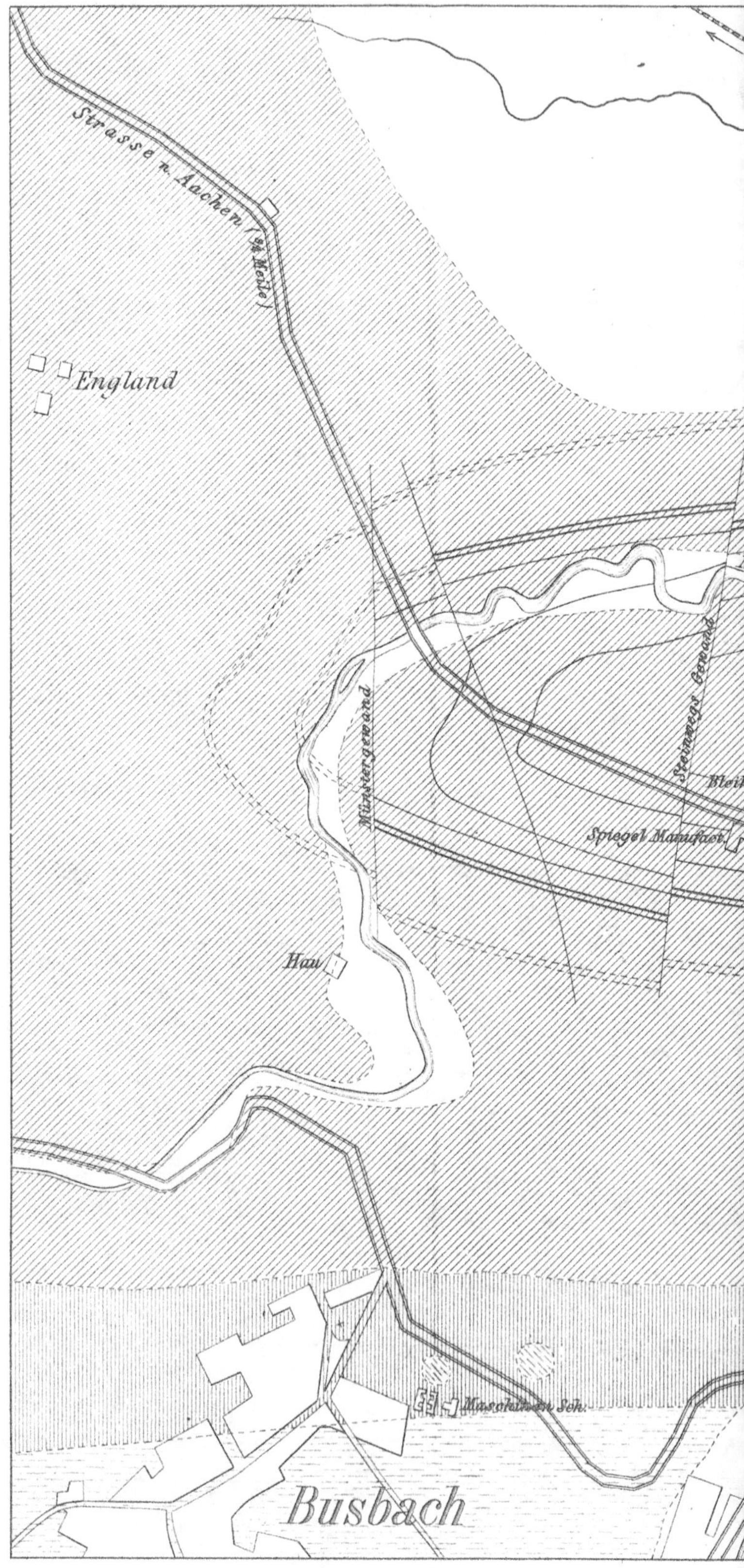

Zeichen-Erklärung: *Devonischer Schiefer* *Kohlenkalk*

INDE - B

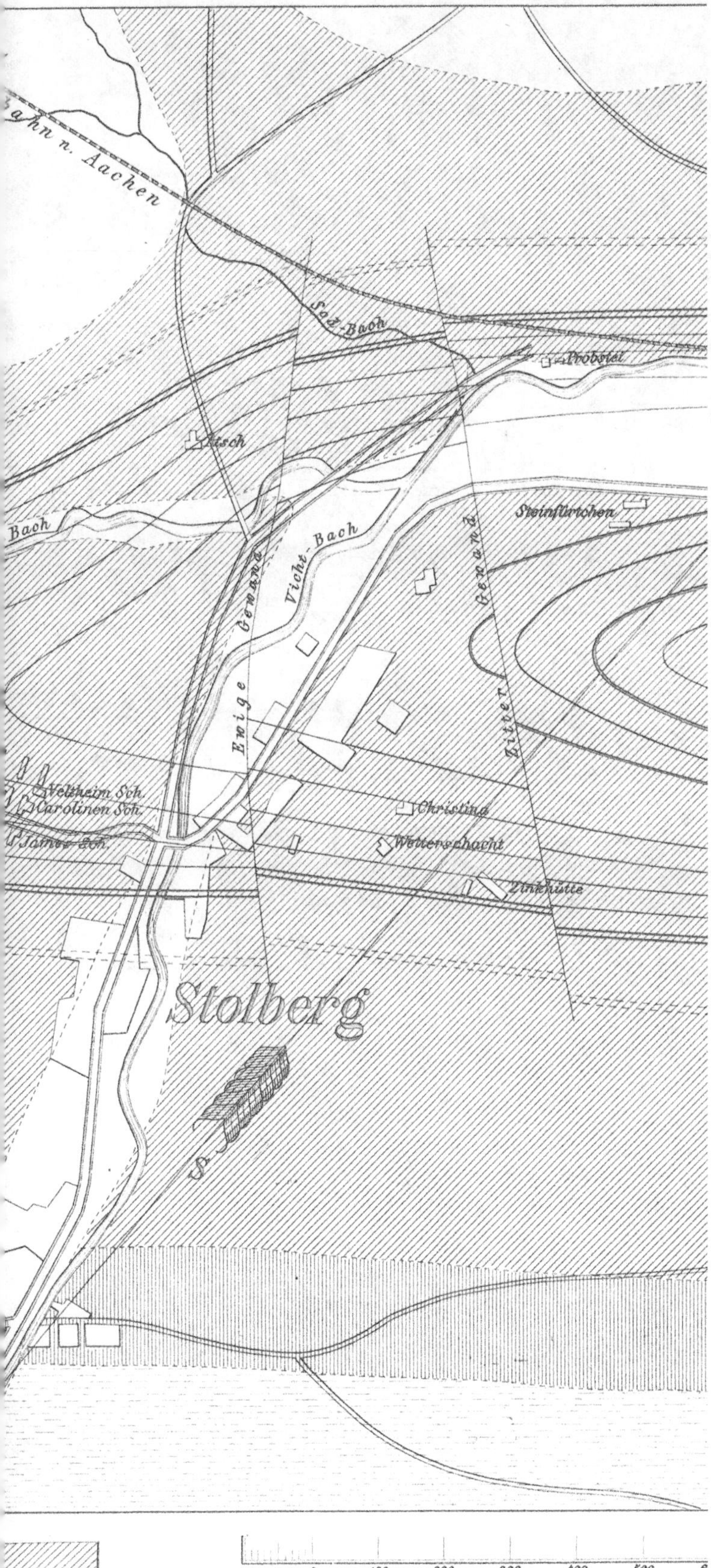

kohlen-Gebirge

BASSIN.

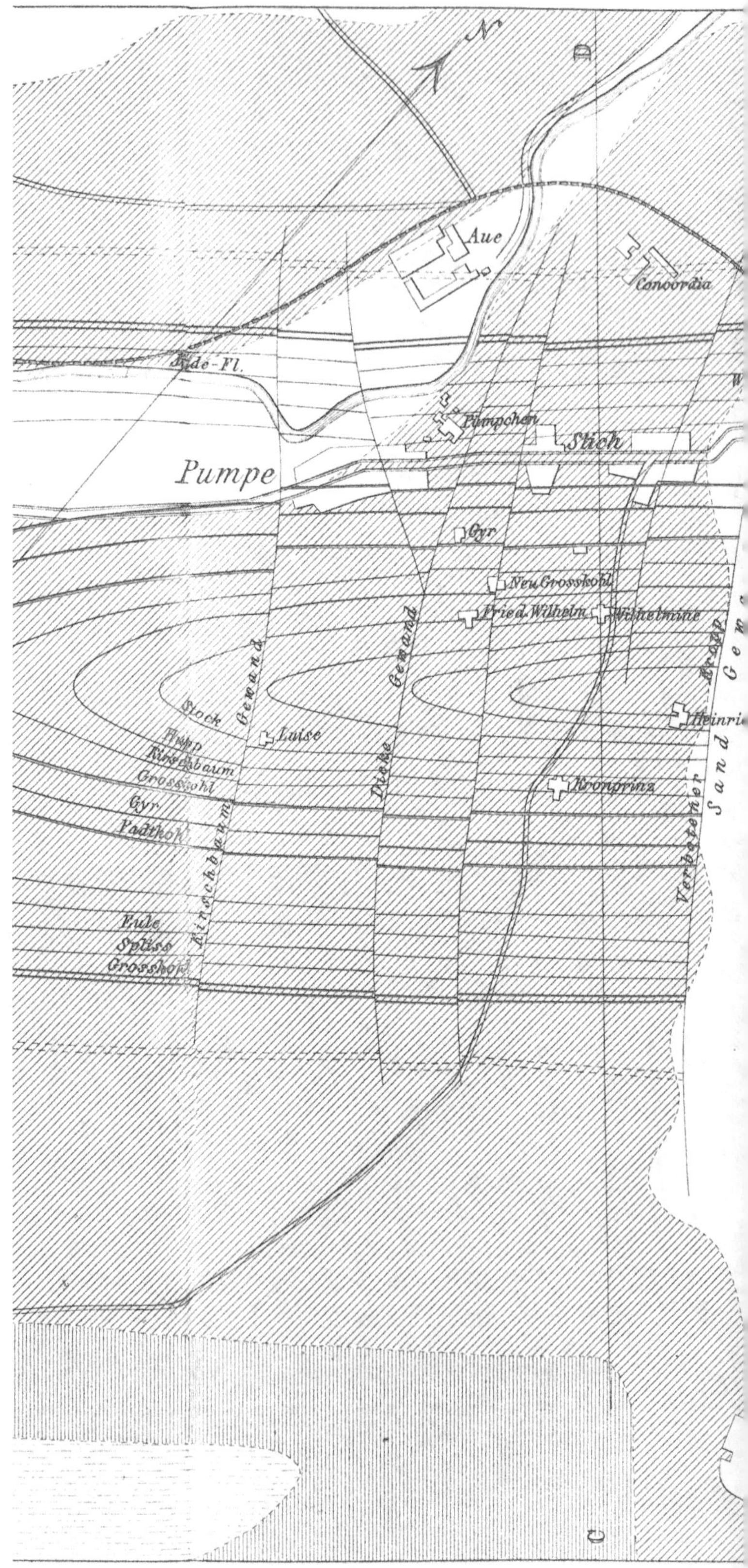

Aue
Concordia
Pumpe
Pümpchen
Stich
Gyr
Neu Grosskohl
Fried. Wilhelm
Wilhelmine
Stock
Luise
Kirschbaum
Grosskohl
Gyr
Padtkohl
Eule
Spliss
Grosskohl
Kirschbaum Gewand
Dicke Gewand
Kronprinz
700
800
900
1000 Lachter rhl. in 20000 Verj.
Tertiär-Ge

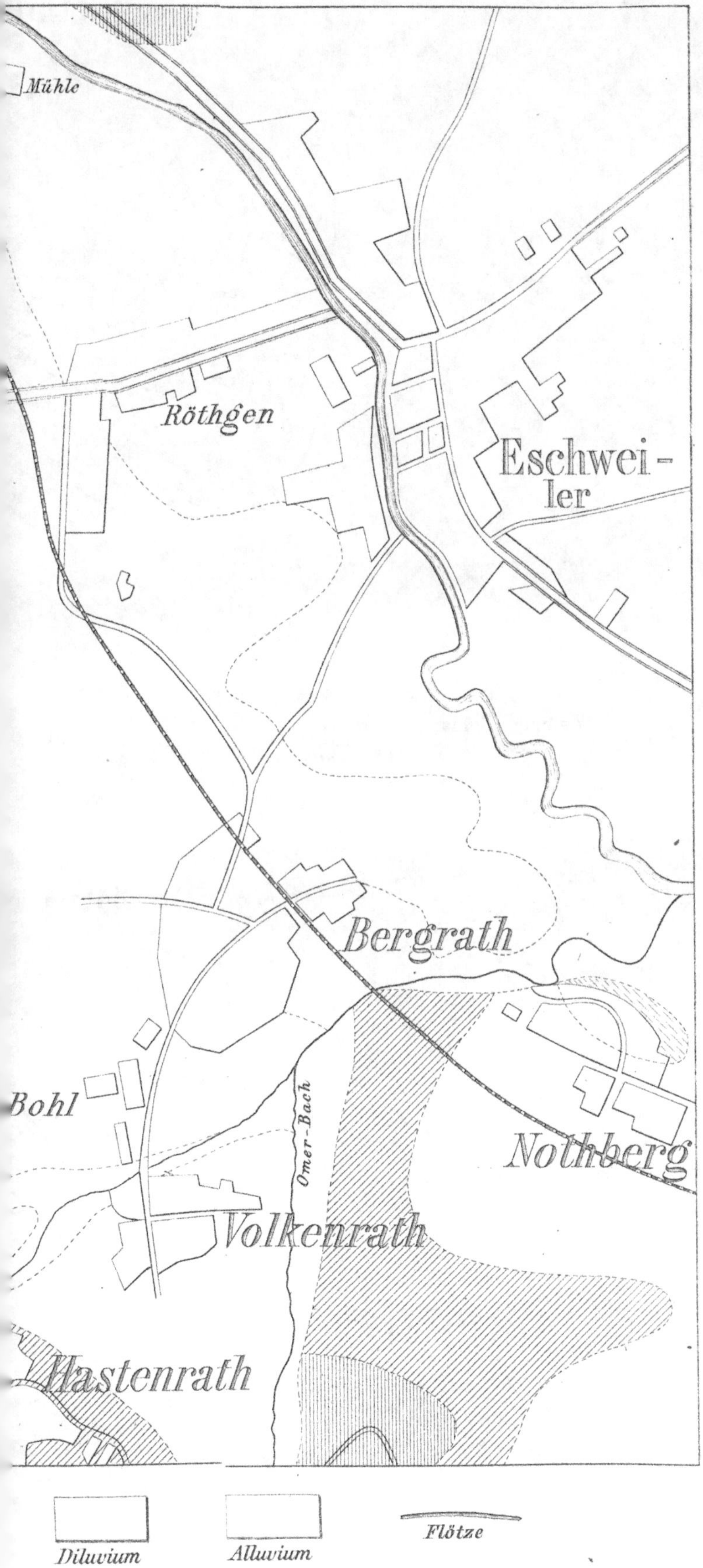
Mühle
Röthgen
Eschweiler
Bergrath
Bohl
Omer-Bach
Nothberg
Volkenrath
Hastenrath
Diluvium
Alluvium
Flötze

Worm

Profil

Zeichen-Erklärung. Grauwacke Verneuili-Schief. Eifler Kalk

Jnde -

Profil

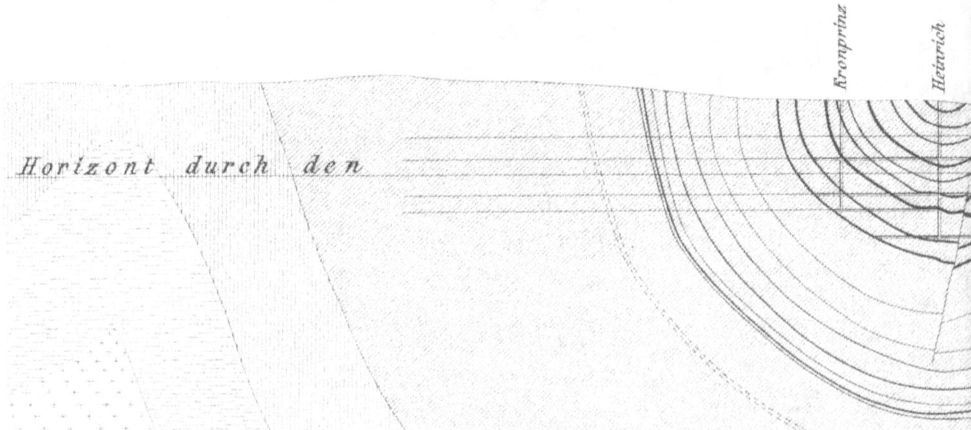

ssin.

AB.

Taf. XII.

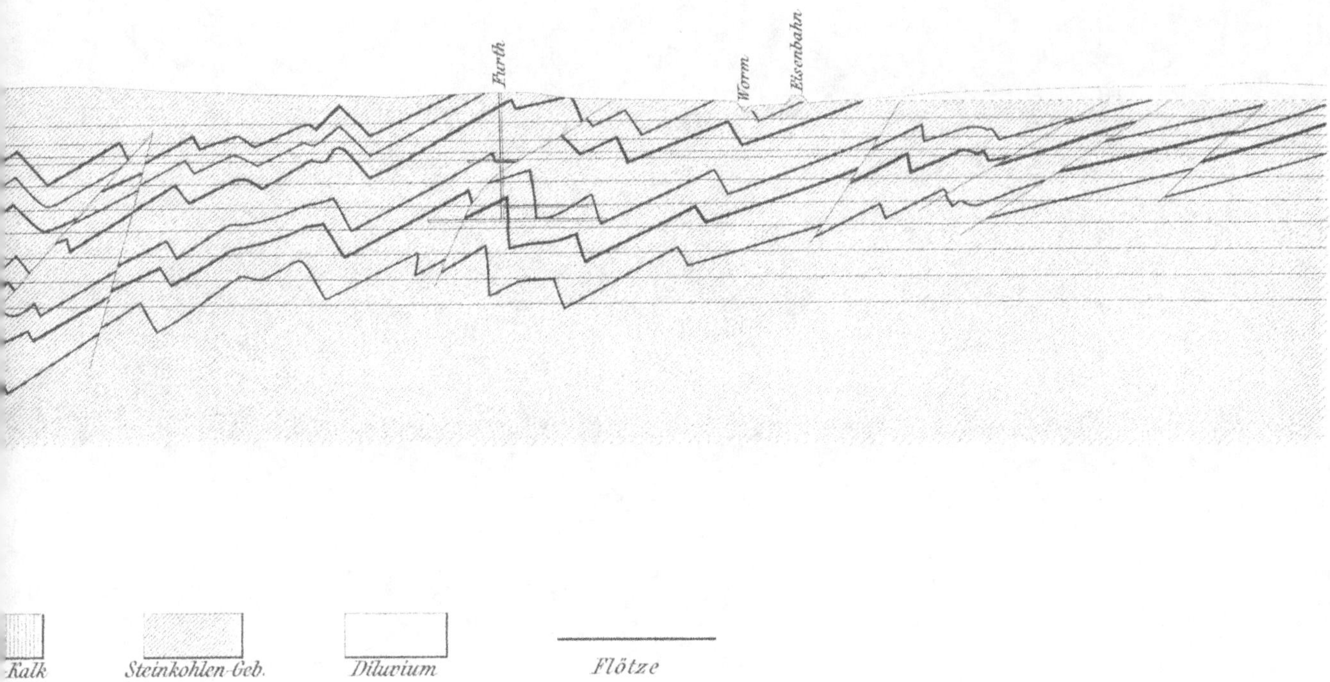

ssin.

h CD.

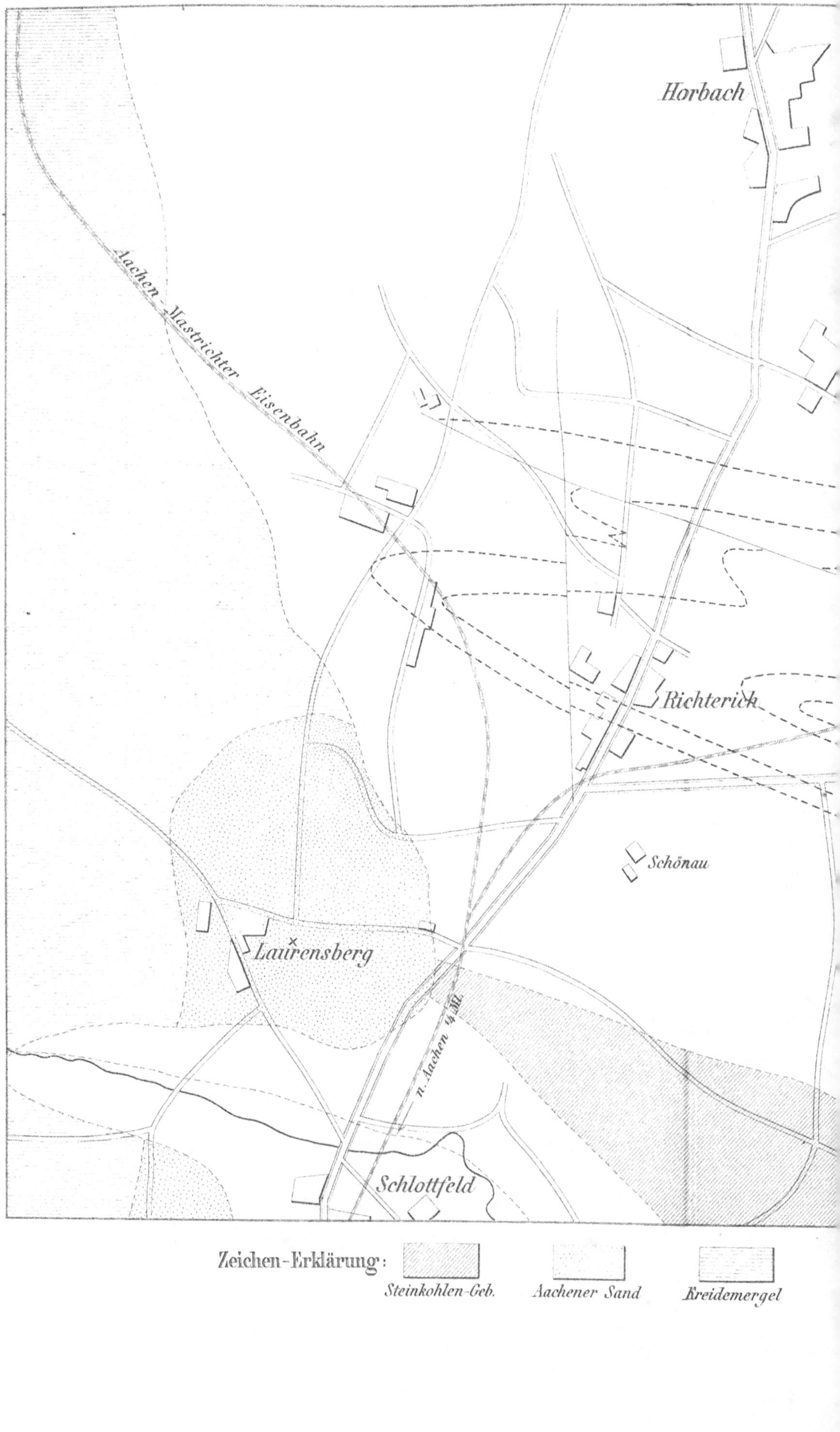

Zeichen-Erklärung: *Steinkohlen-Geb.* *Aachener Sand* *Kreidemergel*

WORM -

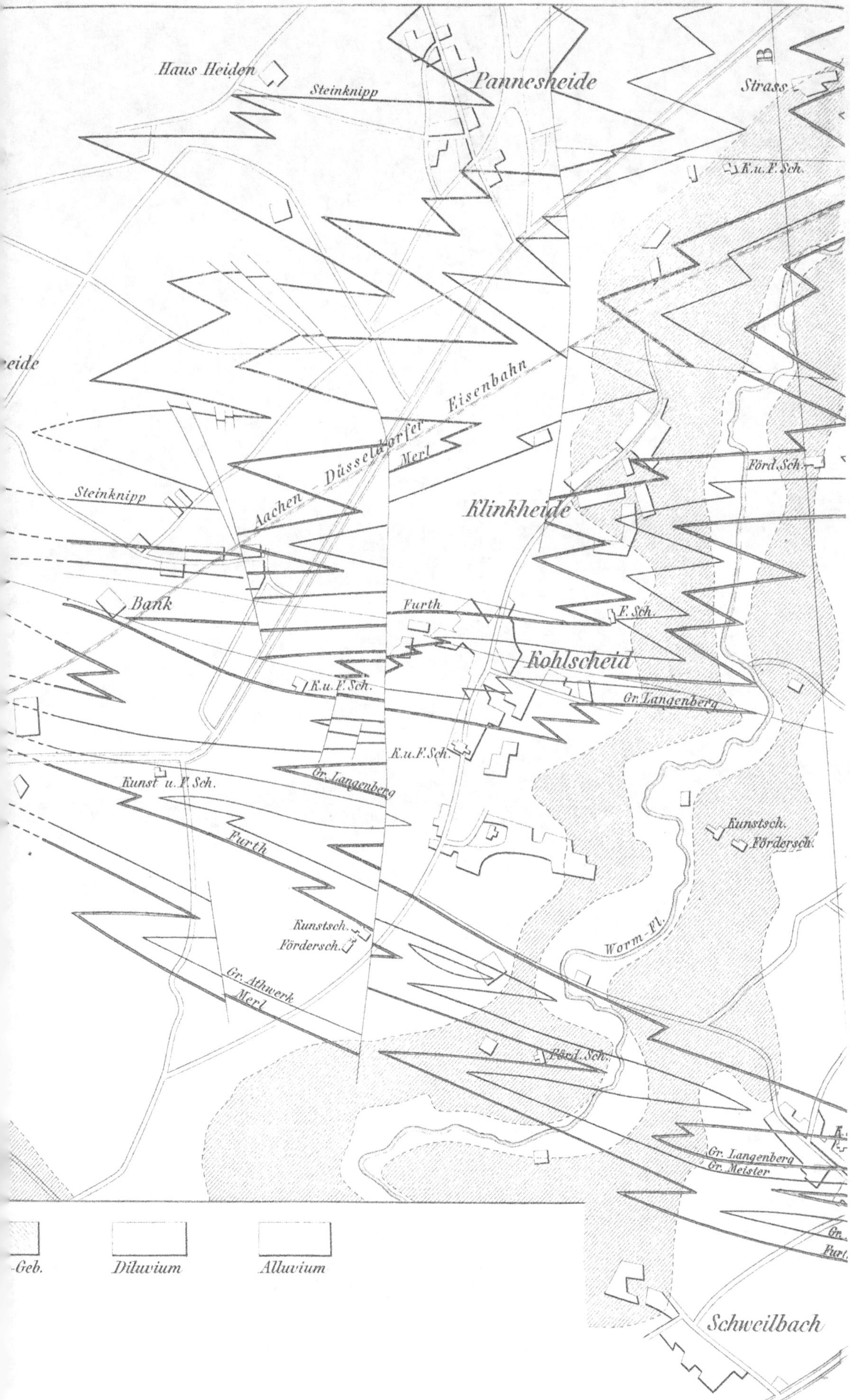
Haus Heiden
Steinknipp
Pannesheide
B
Strass
K.u.F. Sch.
eide
Eisenbahn
Aachen - Düsseldorfer
Merl
Föͤrd.Sch.
Steinknipp
Klinkheide
Bank
Furth
F. Sch.
Kohlscheid
K.u.F. Sch.
Gr. Langenberg
K.u.F.Sch.
Kunst u. F. Sch.
Gr. Langenberg
Kunstsch.
Fördersch.
Furth
Kunstsch.
Fördersch.
Worm-Fl.
Gr. Athwerk
Merl
Förd.Sch.
Gr. Langenberg
Gr. Meister
Gr.
Furth
-Geb.
Diluvium
Alluvium
Schweilbach

BASSIN.

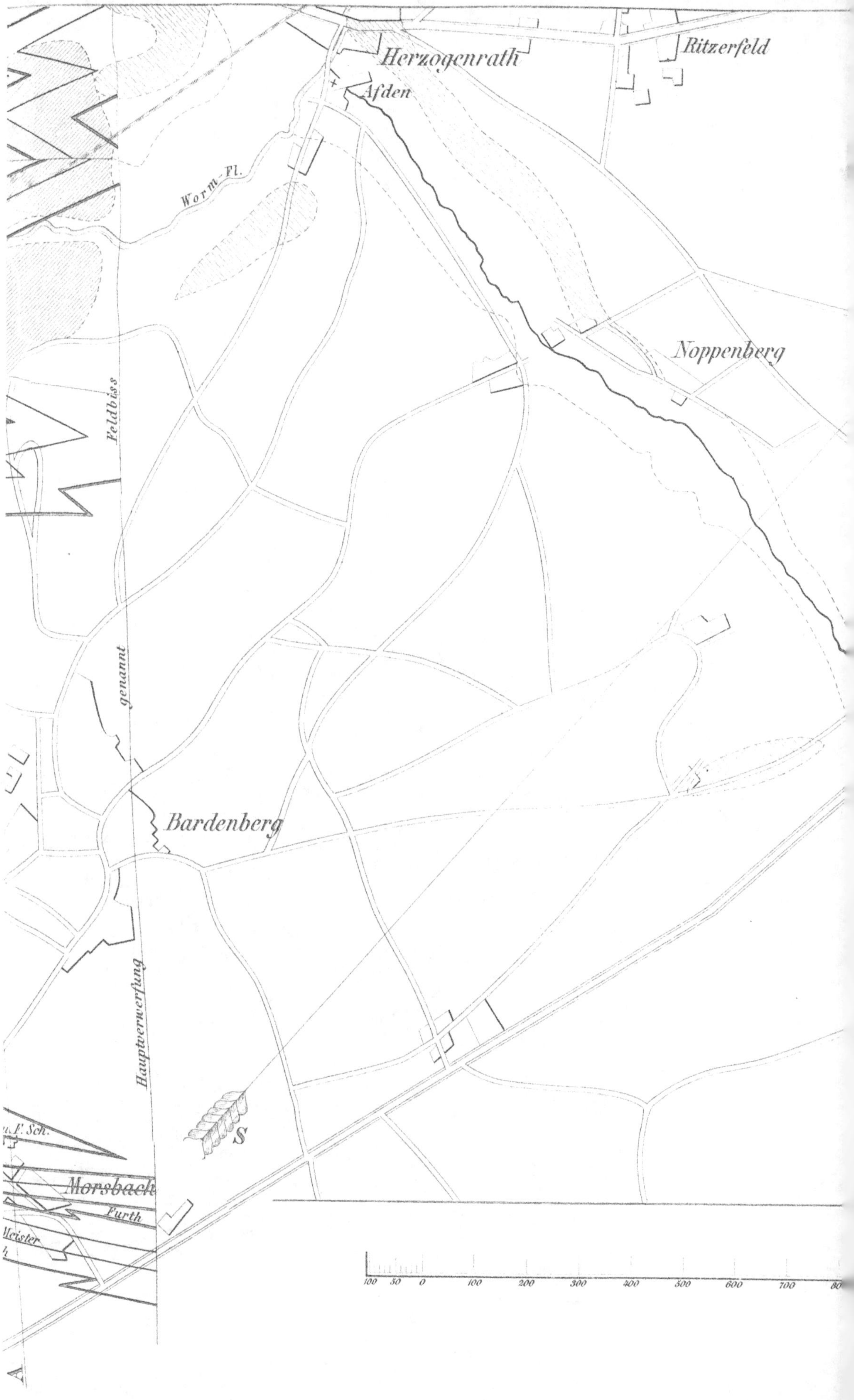
Herzogenrath
Ritzerfeld
Afden
Worm-Fl.
Noppenberg
Feldbiss
genannt
Bardenberg
Hauptverwerfung
S
Morsbach
Furth
100 50 0 100 200 300 400 500 600 700

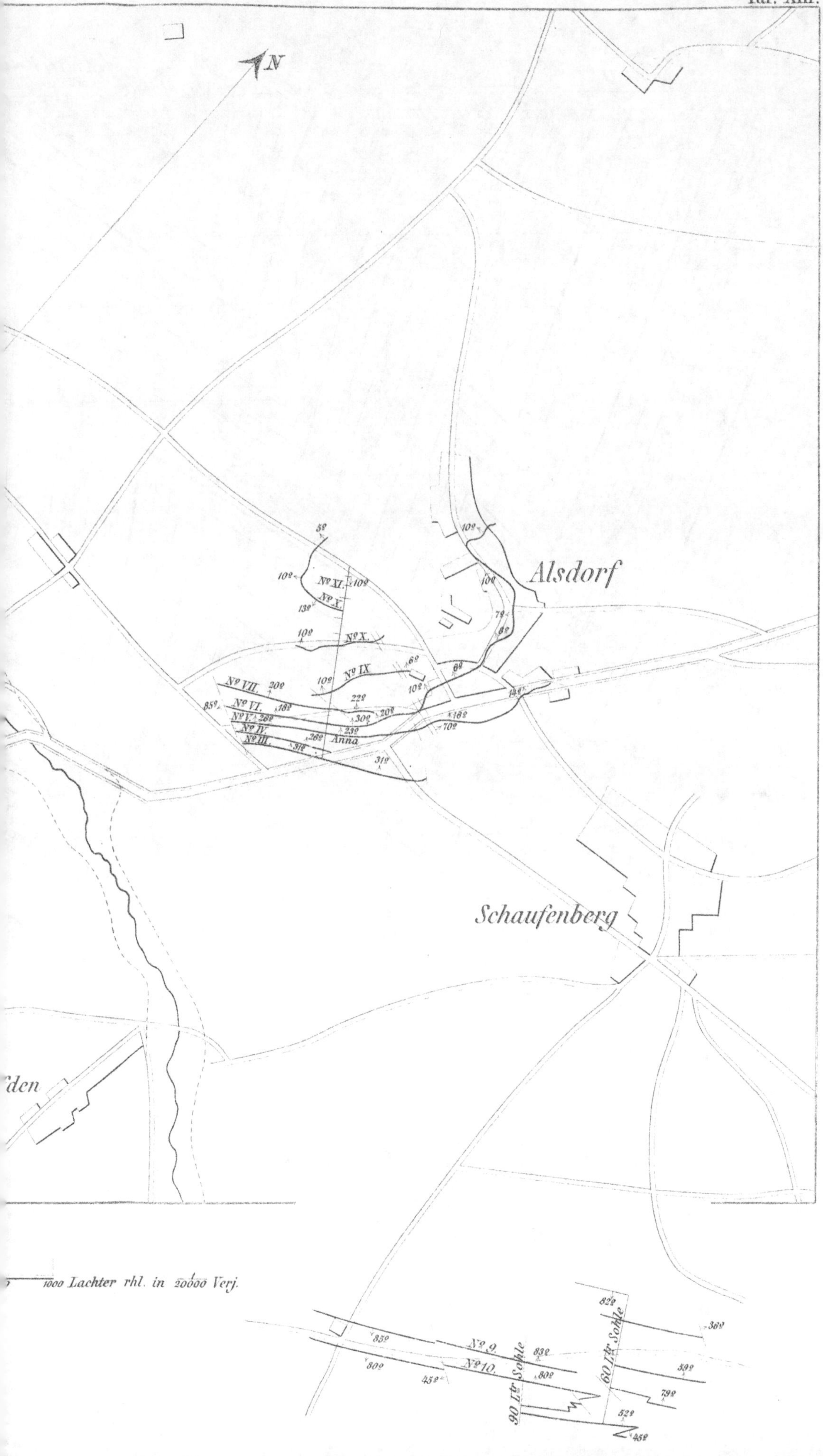
N
Alsdorf
Schaufenberg
den
Nº XI.
Nº X.
Nº IX
Nº VII.
Nº VI.
Nº V.
Nº IV
Nº III.
Anna
1000 Lachter rhl. in 20000 Verj.
Nº 9.
Nº 10.
90 Ltr Sohle
60 Ltr Sohle

Quer-Profil des Worm-Bassins.

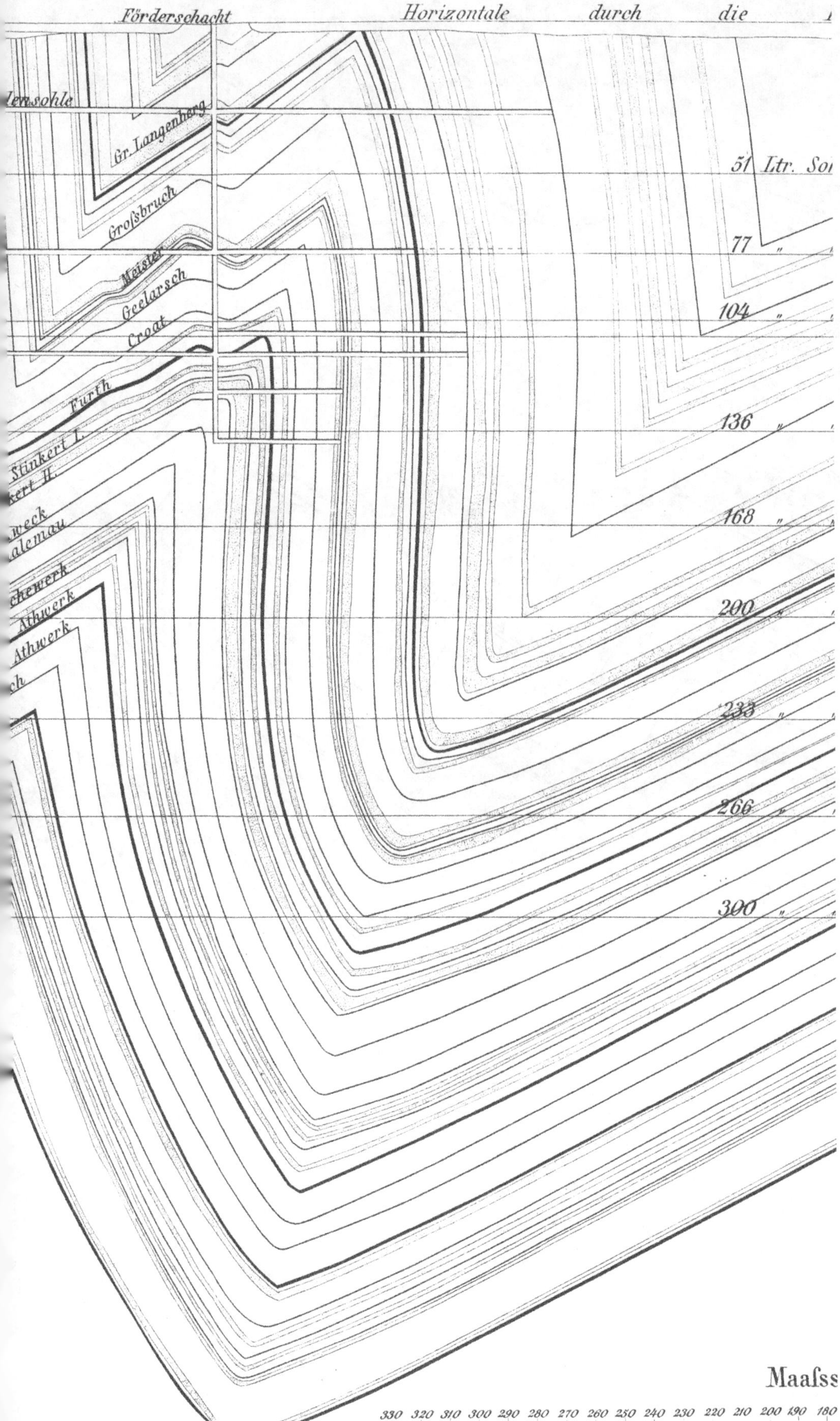

Förderschacht
Horizontale durch die
Gr. Langenberg
Großbruch
Meister
Geelarsch
Croat
Furth
Stinkert I.
Athwerk
51 Ltr.
77
104
136
168
200
233
266
300
Maafss
330 320 310 300 290 280 270 260 250 240 230 220 210 200 190 180

Hängebank des Gouleyer Förderschachte
hle
Krapp
Kranz
Sandberg
Hüls
Groſs Langenberg
Groſsbruch
Meister
Geelarsch
Croat
Furth
Stinkert I.
Stinkert II.
Grauweck
Schmalemau
Leÿ
Rauschewerk
Groſs Athwerk
Klein Athwerk
Barsch
Merl
Klein Mühlenbach
Klein Mühlenbach
Groſs Mühlenbach
Steinknipp
Ueberschiebung
tab 1 : 4000
170 160 150 140 130 120 110 100 90 80 70 60 50 40 30 20 10 0
Ltr.

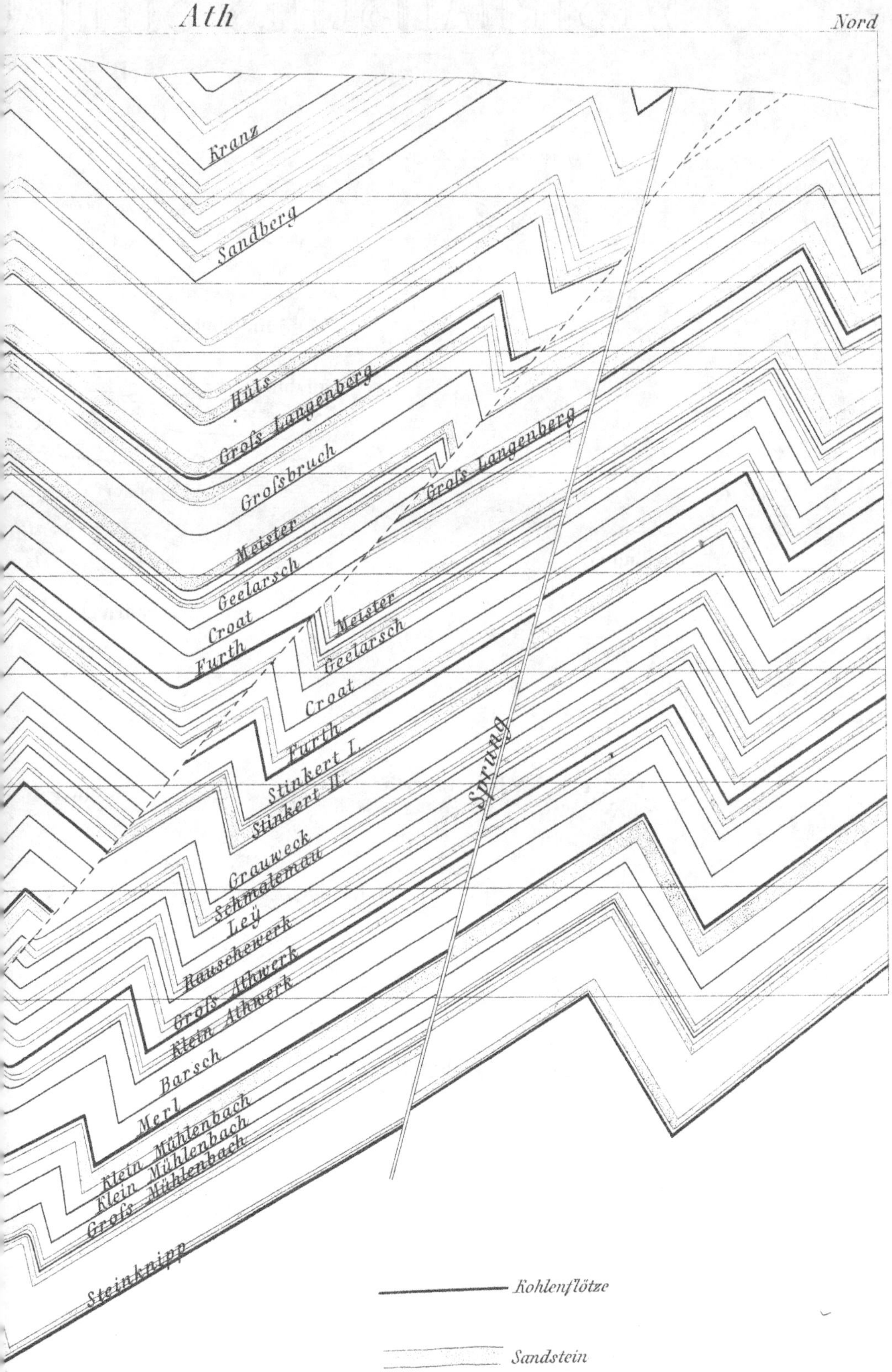
Ath
Nord
Kranz
Sandberg
Hüls
Groſs Langenberg
Groſsbruch
Meister
Geelarsch
Croat
Furth
Groſs Langenberg
Meister
Geelarsch
Croat
Furth
Stinkert I.
Stinkert II.
Sprung
Grauweck
Schmalemau
Leÿ
Rauschewerk
Groſs Athwerk
Klein Athwerk
Barsch
Merl
Klein Mühlenbach
Klein Mühlenbach
Groſs Mühlenbach
Steinknipp
Kohlenflötze
Sandstein
Schieferthon
Sandstein
Schieferthon
Kohlenflötz

WESTPHÄLISCHES STEINKO

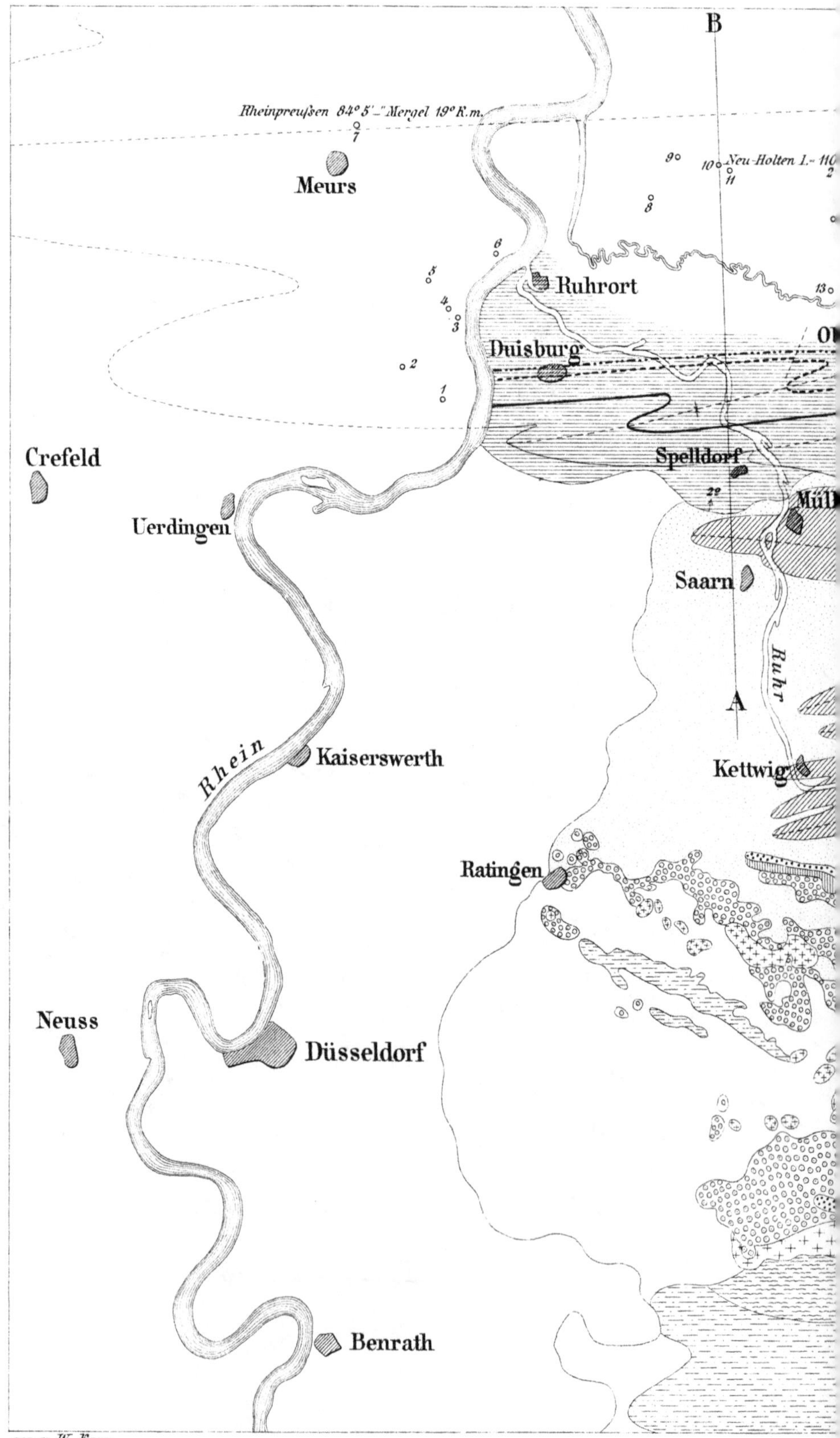

gez. v. W. Rapp.

1000 500 0

LENBECKEN und die dasselbe üb

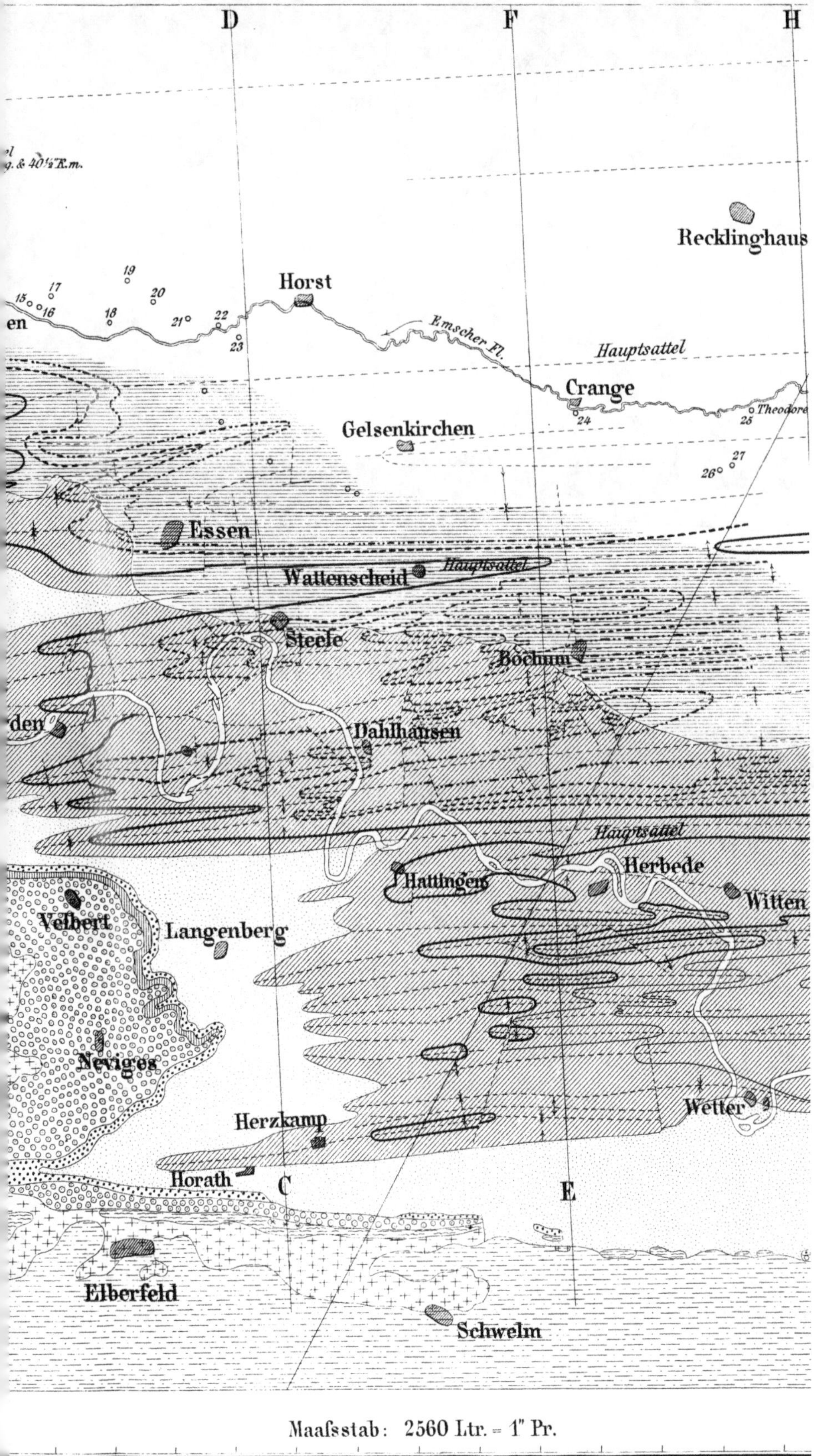

erlagernde KREIDEFORMATION.

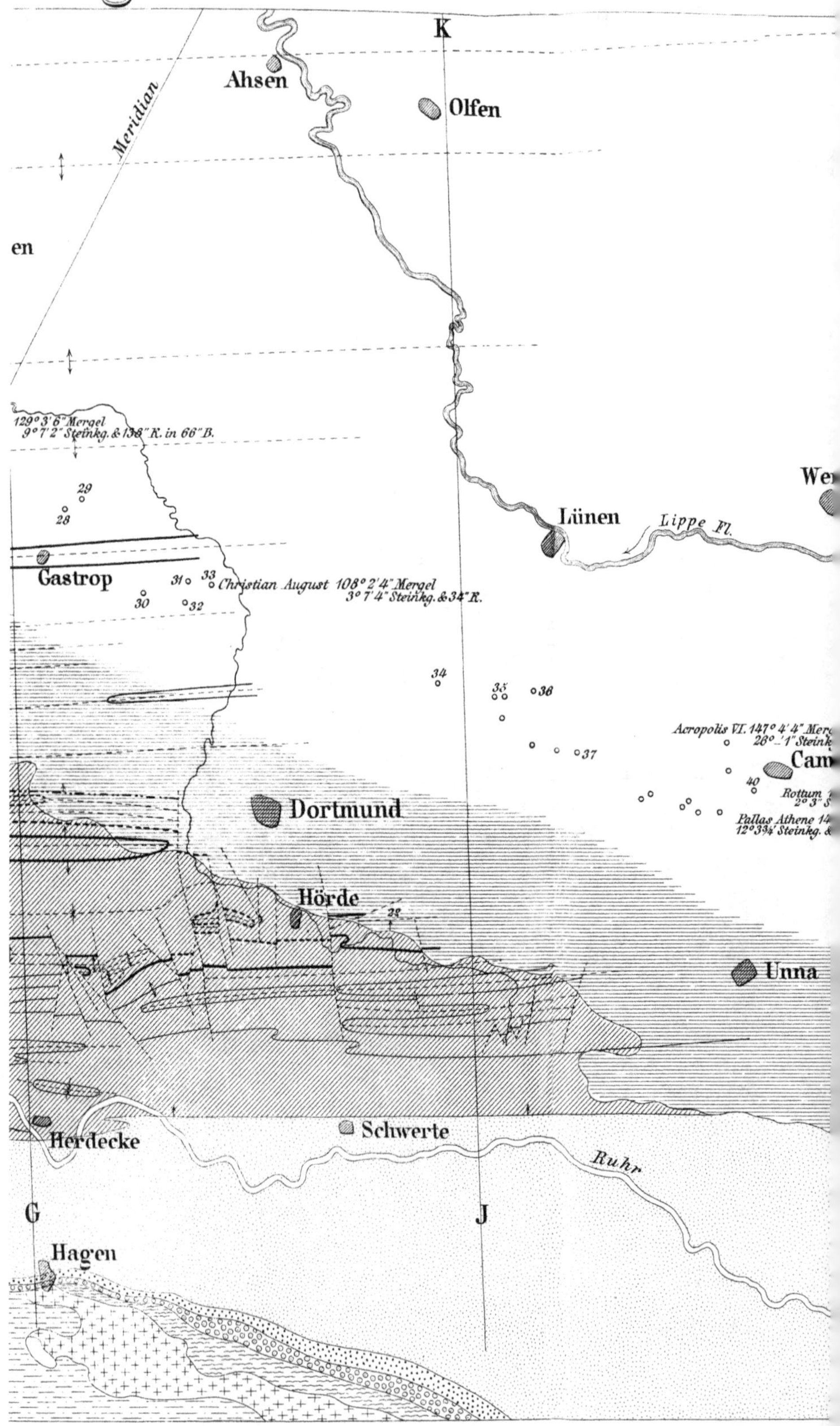

Taf. XV.

Projectirtes Querprofil der Situation nach den Linien:

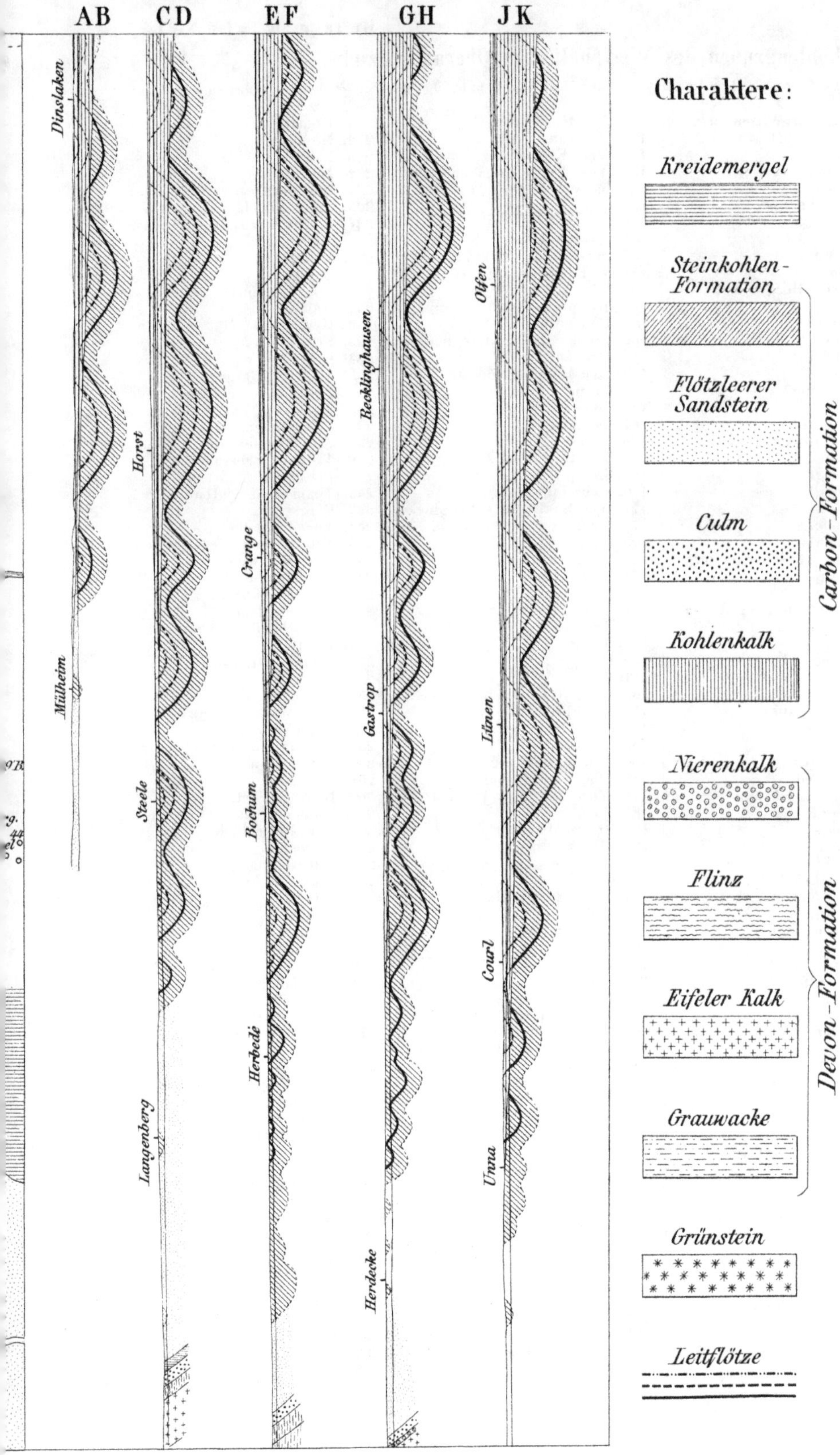

Beilage zu Tafel XVb.

Karte der Steinkohlengruben des Westphälischen Oberamtsbezirks.

NB. Die Zahlen in der Karte bezeichnen die Gruben, welche im nachfolgenden Verzeichniss unter den gleichen Zahlen aufgeführt sind.

1. Homberg.
2. Vulkan.
3. Ratingen.
4. Ruhr Rhein B. G. Phönix II,
5. Medio Rhein.
6. Bleierz.
7. Kalkstein-Bruch.
8. Concordia (Bleierz).
9. Neu-Duisberg.
10. Fried. Wilh. (Eisenst.)
11. Schacht Westende.
12. Kalkstein-Bruch.
13. Mühlh. Bergw.-Ges.
14. Concordia.
15. Vieille Montagne.
16. Erbenbank.
17. 18. } Kalkstein-Bruch.
19. Rohland.
20. Schacht Carnall.
21. Kanzel.
22. Kalkstein-Bruch.
23. Oberhausen (Grillo).
24. Sellerbeck.
25. Wiesche.
26. Verein.
27. Kalksiepen.
28. Dohms Erbst.
29. Preutenborbeckssiepen.
30. Redlichkeit.
31. Pauline.
32. Kronprinz.
33. Wolfsbank.
34. Rosenblumendelle.
35. Hammelsbeck.
36. Krusenberg.
37. Blumendelle.
38. Rosalie.
39. Neukircher Schl.
40. Braut in Küpperswiese.
41. Herzog v. Arenberg.
42. Arenberg'sche Act.-Ges.
43. Christian Levin.
44. Bergw. Verein.
45. Neu-Wesel.
46. Wolfsbank.
47. 48. } Neu-Schöllerpad.
49. Hagenbeck.
50. Bredeneier Cron.
51. Erbenkampsbank.
52. Kämpgesbank.
53. Hitzberg.
54. Kapellenbank.
55. Pasteralberg.
56. Ihlandsbraut.
57. Carolus Magnus.
58. Helena u. Amalie.
59. 60. } Ver. Sälzer u. Neuack.
61. Humboldt.
62. Ver. Krebsenscheer.
63. Ver. Hermann.
64. Kapellenbank.
65. Langenbrahm.
66. Pörtingssiepen.
67. Duvenkampsbank.
68. Aline.
69. v. Reher Dickebank.
70. Gustav.
71. Vict. Mathias.
72. Graf Beust.
73. Hoffnung.
74. Hercules.
75. Ver. Ludwig.
76. Geitling am Wittenberg.
77. Johanna Erbst.
78. Martin.
79. Nottekamp.
80. Hundsnocken.
81. Wasserschneppe.
82. Petersburg.
83. Schwarze Adler.
84. Prinz Wilh. Grube.
85. Karoline.
86. Ruhrorter Bergw. Act. Ges.
87. Anna.
88. Ernestine.
89. Königin Elisabeth.
90. Kunstwerk.
91. Heinrich.
92. Vereinigung.
93. Sandbank.
94. Ver. Henriette.
95. Prinz Wilhelm.
96. Steingatt.
97. Gottessegen.
98. Nachtigall.
99. Neuglück.
100. Trompete.
101. Huferbank.
102. Blücher Essen-Arenbergsche Act.-Ges.
103. Neu-Essen.
104. Carl, Kölner Bergw. Ver.
105. Zollverein.
106. Johann.
107. Ver. Deimelsberg.
108. Gewalt.
109. Mecklingsbank.
110. Mönchhofsbank.
111. Horster Sch.
112. Ver. Charlotte.
113. Fried. Anton.
114. Prinz Friedr.
115. Ver. Himmelskrone.
116. Dahlbusch.
117. Bonifacius.
118. Einigkeit.
119. Eintracht.
120. Horster Erbstolln.
121. Himmelsfürster Erbst.
122. Altendorf.
123. Ver. Bruderschaft.
124. Neulahn VII.
125. Isenberg.
126. Consolidation.
127. Mecklingsbk.
128. Jacob.
129. Rotterdam.
130. Wippsterz.
131. General Nr. 1.
132. Besserglück.
133. Wilh. Erbst.
134. Zufällig Glück.
135. Buschbank.
136. Sieper u. Mühler Grbn.
137. Wilhelmine Victoria.
138. Germania.
139. Rhein Elbe.
140. Holland.
141. Hasenwinkel.
142. Friedl. Nachbar.
143. St. Mathias Erbst.
144. Friedrich.
145. Neu-Hattingen.
146. Valeria.
147. Freiheit.
148. Wodan.
149. Glückauf.
150. Friedr. Wilh.
151. Centrum.
152. Ver. Engelsburg.
153. Ver. Maria Anna u. Steinbank.
154. 155. } Papenbank.
156. Johann Friedr.
157. Musen III.
158. v. Edeltraut.
159. Alte Hase.
160. Hoffnungsthal.
161. Concordia.
162. Stock- u. Scherenberger Gruben.
163. Neu-Hasslinghausen.
164. Iduna.
165. General.
167. Fortuna.
166. Flora.
168. Friedr. Preus. Zepter.
169. Lina.
170. Leveringsbank.
171. Ver. Nachtigall u. Neuglück.
172. Ver. Verborgen Glück.
173. Pluto.
174. Königsgrube.
175. Hannover.
176. Karolinenglück.
177. Karl Friedr. Erbst.
178. Friedrich.
179. Erbst.
180. 181. } West-Herbede.
182. Ver. Geschwind.
183. Nachgedacht.
184. V. Glückauf u. Hegermann.
185. Gustav Erbst.
186. Ver. Kaninchen.
187. Oberleveringsbank.
188. Ver. Hannibal.
189. Ver. Präsident.
190. Dannenbaum.
191. Glücksburg.
192. 193. } Julius Philipp's Erbst.
194. Hagensieperbank.
195. Gekrönte Antonie.
196. Gibraltar.
197. St. Johannes Erbst.
198. Sybilla.
199. Gideon.
200. Ver. Tulipan.
201. Ver. Trappe.
202. Neu-Hiddinghsn.
203. Dachs- u. Grevelsloch.
204. Dreckbänker Erbst.
205. Ver. Konstantin d. Grosse.
206. Ritterburg.
207. Friederika.
208. Isabella.
209. Laer.
210. Schacht Heintzmann (v. Glücksbg.).
211. Glück u. Segen Erbst.
212. Herbeder Schl. Oberste Frielingshaus.
213. Thuegut.
214. Fortuna.
215. Ver. Kassian.
216. St. Peter.
217. Schamrock.
218. Vollmond.
219. Helene Tiefbauschacht.
220. Helena.
221. Roman.
222. Martha.
223. Laura.
224. Jupiter.
225. Bommern.
226. Freie Vogel.
227. Heinrich Gustav (Harpener Ver.).
228. Vollmond.
229. Colonia.
230. Ver. Urbanus.
231. Halter.
232. Heinrich.
233. Franziska.
234. Leipzig.
235. Ver. Hs. Berge.
236. Ver. Louisenglück.
237. Auf Gott gewagt Louise.
238. Flössgraben.
239. Alte Bommerbank u. Erbst.
240. Trapper Erbstollen.
241. Frischauf.
242. Timmerbeil Tiefbau.
243. Bergmann.
244. Ver. Emanuel.
245. Münsterland Neu-Iserlohn.
246. Ver. Wallfisch.
247. Ringeltaube.
248. Ver. Hamburg.
249. Ver. Siegfried.
250. Ver. Eulalia.
251. Borussia.
252. Johannes Erbst.
253. Rahm I.
254. Germania.
255. Ver. Wiendahlsbank.
256. Glücksanfang.
257. Ver. Dorstfeld.
258. Ver. Potsdam.
259. Henriette.
260. Louise Erbst.
261. Joest's Erbst.
262. Ver. Karlsglück.
263. Tremonia.
264. Wittwe.
265. Glückauf Erbst.
266. Glückauf.
267. Venus.
268. Syburg.
269. Ver. Louise.
270. Hansa.
271. Westfalia.
272. Fried. Wilh.
273. Glückaufs-Segen.
274. Am Schwaben.
275. Crone.
276. Neu-Düsseldorf.
277. Freie Vogel u. Unverhofft.
278. Landwehr.
279. Bickefeld.
280. Elisabeth Erbst.
281. Schurbank u. Charlottenburg.
282. Aplerbecker-Ver.
283. Margarethe.
284. Schleswig.
285. Grafschaft Mark.
286. Hoffnung.
287. Karoline.
288. Karoline.
289. Asseln.
290. Massen II.
291. Norm.
292. 293. } Hellweg.

Alphabetisches Verzeichniss der Gruben.

NB. Die Gruben sind unter der daneben stehenden Nummer in dem durch Buchstaben und Zahlen bezeichneten Quadrate zu finden; z. B. Grube Aline Nr. 68 im Quadrate D. 6.

Aline 68. D. 6.
Alte Bommerbank u. Erbst. 239. F. 9.
Alte Hase 159. F. 8.
Altendorf 122. D. 7.
Am Schwaben 274. E. 11.
Anna 87. C. 6.
Aplerbecker Ver. 282. E. 12.
Arenberg'sche Act. - Gesellsch. 42. B. 6.
Asseln 289. E. 13.
Auf Gott gewagt Louise 237. E. 9.
Hs. Berge 235. E. 9.
Bergmann 243. E. 9.
Bergw.-Verein 44. B. 6.
Besserglück 132. D. 7.
Graf Beust 72. C. 6.
Bickefeld 279. E. 11.
Bleierz 6. D. 3.
Blücher. Essen - Arenberg'sche Gesellschaft 102. B. 7.
Blumendelle 37. D. 5.
Bommern 225. E. 9.
Bonifacius 117. C. 7.
Borussia 251. D. 10.
Braut in Küpperswiese 40. D. 5.
Bredeneier Cron. 50. D. 6.
Ver. Bruderschaft 123. D. 7.
Buschbank 135. F. 7.
Carl Friedr.-Erbst. 177. D. 8.
Carl, Cölner Bergwerk-Verein 104. B. 7.
Carolus Magnus 57. C. 6.
Centrum 151. D. 8.
Ver. Charlotte 112. D. 7.
Colonia 229. D. 9.
Concordia 161. F. 8.
Concordia 14. B. 5.
Concordia (Bleierz) 8. E. 3.
Consoldation 126. B. 7.
Ver. Constantin d. Grosse 205. D. 9.
Crone 275. E. 11.
Dachs u. Grevelsloch 203. F. 8.
Dahlbusch 116. C. 7.
Dannenbaum 190. D. 8.
Ver. Deimelsberg 107. D. 6.
Dohms-Erbst. 28. D. 5.
Ver. Dorstfeld 257. D. 10.
Dreckbänker Erbst. 204. F. 8.
Duvenkampsbank 67. D. 6.
v. Edeltraut 158. F. 8.
Einigkeit 118. C. 7.
Eintracht 119. D. 7.
Elisabeth Erbst. 280. F. 11.
Ver. Emanuel 244. F. 9.
Ver. Engelsburg 152. D. 8.
Erbenbank 16. D. 5.
Erbenkampsbank 51. D. 6.
Erbstollen 179. E. 8.
Ernestine 88. C. 6.
Ver. Eulalia 250. F. 10.
Flora 166. D. 8.
Flössgraben 238. E. 9.
Fortuna 214. E. 9.
Fortuna 167. D. 8.
Franziska 233. E. 9.
Freie Vogel 226. F. 9.
Freiheit 147. E. 8.
Friederika 207. D. 9.
Friedl. Nachbar 142. D. 7.
Friedrich 144. E. 7.
Friedrich 178. E. 8.
Friedr. Anton 113. E. 7.
Friedr. Preus. Zepter 168. E. 8.
Friedr. Wilh. 272. E. 11.
Friedr. Wilh. 150. F. 7.
Friedr. Wilh. (Eisenstein) 10. E. 4.
Frischauf 241. E. 9.
Geitling am Wittenberg 76. D. 6.
Gekrönte Antonie 195. E. 8.
General Nr. 1 131. D. 7.
General 165. D. 8.
Germania 138. C. 7.
Germania 254. D. 10.
Ver. Geschwind 182. E. 8.
Gewalt 108. D. 7.
Gibraltar 196. E. 8.
Gideon 199. E. 8.
Glück Erbst. 265. E. 11.
Glück u. Segen Erbst. 211. E. 9.
Glückauf 266. E. 11.
Glückauf 149. F. 7.
Ver. Glückauf und Hegermann 184. F. 8.
Glücksanfang 256. E. 10.
Glücksburg 191. D. 8.
Glückauf's-Segen 273. E. 11.
Gottessegen 97. E. 6.
Gustav Erbst. 185. F. 8.
Gustav 70. C. 6.
Hagenbeck 49. C. 6.
Hagensieperbank 194. E. 8.
Halter 231. E. 9.
Ver. Hamburg 248. E. 10.
Hammacher 260. E. 10.
Hammelsbeck 35. C. 5.
Ver. Hannibal 188. C. 8.
Hannover 175. C. 8.
Hansa 270. D. 11.
Hasenwinkel 141. D. 7.
Heinrich 91. D. 6.
Heinrich 232. E. 9.
Heinr. Gustav (Harpener Ver.) 227. D. 9.
Helena u. Amalie 58. C. 6.
Helena 220. E. 9.
Helene Tiefbauschacht 219. E. 9.
Hellweg 293. E. 14.
Hellweg 292. E. 13.
Henriette 259. E. 10.
Ver. Henriette 94. D. 6.
Herbeder Schl. Oberste Frielingshauser 212. E. 9.
Hercules 74. C. 6.
Ver. Hermann 63. D. 6.
Herzog von Arenberg 41. B. 6.
Himmelsfürsten Erbstollen 121. D. 7.
Ver. Himmelskrone 115. E. 7.
Hitzberg 53. D. 6.
Hoffnung 286. E. 12.
Hoffnung 73. C. 6.
Hoffnungsthal 160. F. 8.
Holland 140. C. 7.
Homberg 1 B. 3.
Hörde 277. E. 11.
Horster, Erbstollen 120. D. 7.
Horster Sch. 111. D. 7.
Huferbank 101. E. 6.
Humboldt 61. C. 6.
Hundsnocken 80. D. 6.
Jacob 128. D. 7.
Iduna 164. D. 8.
Ihlandsbraut 56. D. 6.
Johann 106. C. 7.
Johann Friedr. 156. E. 8.
Johanna Erbst. 77. D. 6.
Johannes Erbstollen 252. E. 10.
Joests Erbst. 261. F. 10.
Isabella 208. D. 9.
Isenberg 125. E. 7.
Julius Philipp's Erbst. 192 u. 193. E. 8.
Jupiter 224. E. 9.
Kalksiepen 27. D. 5.
Kalkstein-Bruch 22. G. 5.
Kalkstein-Bruch 18. G. 5.
Kalkstein-Bruch 17. F. 5.
Kalkstein-Bruch 12. F. 4.
Kalkstein-Bruch 7. E. 3.
Kämpgesbank 52. D. 6.
Ver. Kaninchen 186. F. 8.
Kanzel 21. D. 5.
Kapellenbank 54. D. 6.
Kapellenbank 64. D. 6.
Karoline 85. F. 6.
Karoline 288. F. 13.
Karoline 287. E. 12.
Karolinenglück 176. C. 8.
Ver. Karlsglück 262. D. 11.
Ver. Kassian 215. E. 9.
Königin Elisabeth 89. C. 6.
Königsgrube 174. C. 8.
Ver. Krebsenscheer 62. D. 6.
Kronprinz 32. C. 5.
Krusenberg 36. D. 5.
Kunstwerk 90. C. 6.
Laer 209. D. 9.
Landwehr 278. E. 11.
Langenbrahm 65. D. 6.
Laura 223. E. 9.
Leipzig 234. E. 9.
Leveringsbank 170. F. 8.
Lewin, Christian 43. B. 6.
Lina 169. E. 8.
Ver. Louise 269. F. 11.
Ver. Louisenglück 236. E. 9.
Ver. Ludwig 75. D. 6.
Margarethe 283. E. 12.
Ver. Maria, Anna u. Steinbank 153. D. 8.
Grafschaft Mark 285. E. 12.
Martha 222. E. 9.
Martin 78. D. 6.
Massen II. 290. E. 13.
Mecklingsbank Erbst. 127. D. 7.
Mecklingsbank 109. D. 7.
Medio Rhein 5. B. 3.
Mönchhofsbank 110. D. 7.
Mühlh. Bergw.-Ges. 13. B. 4.
Münsterland Neu-Iserlohn 245. D. 10.
Musen III. 157. E. 8.
Nachgedacht 183. F. 8.
Ver. Nachtigall i. Neuglück 171. F. 8.
Nachtigall 98. E. 6.
Neu-Duisburg 9. B. 4.
Neu-Düsseldorf 276. E. 11.
Neu-Essen 103. B. 7.
Neu-Hasslinghausen 163. F. 8.
Neu-Hattingen 145. E. 7.
Neu-Hiddinghsn. 202. F. 9.
Neu-Schöllerpad 47. 48. C. 6.
Neu-Wesel 45. C. 6.
Neuglück 99. E. 6.
Neukircher Schl. 39. D. 5.
Neulahn VII. 124. E. 7.
Norm 291. E. 13.
Nottekamp 79. D. 6.
Oberhausen (Grillo) 23. B. 5.
Oberleveringsbank 187. F. 8.
Papenbank 154 u. 155. D. 8.
Pasteralberg 55. D. 6.
Pauline 31. D. 5.
St. Peter 216. E. 9.
Petersburg 82. E. 6.
Pluto 173. C. 8.
Pörtingssiepen 66. D. 6.
Ver. Potsdam 258. E. 10.
Ver. Präsident 189. D. 8.
Preutenborbeckssiepen 29. D. 5.
Prinz Friederich 114. E. 7.
Prinz Wilh. Grube 84. E. 6.
Prinz Wilhelm 95. D. 6.
Rahm I. 253. D. 10.
Ratingen 3. E. 3.
Redlichkeit 30. D. 5.
v. Reher Dickebank 69. E. 6.
Rhein Elbe 139. C. 7.
Ringeltaube 247. E. 10.
Ritterburg 206. D. 9.
Robland 19. B. 5.
Roman 221. E. 9.
Rosalie 38. D. 5.
Rosenblumendelle 34. C. 5.
Rotterdam 129. D. 7.
Ruhr Rhein. B. G. Phönix II. 4. B. 4.
Ruhrorter Bergw. Act.-Gesell. 86. B. 6.
Sandbank 93. D. 6.
Ver. Sälzer u. Nauack 59 u. 60. C. 6.
Schacht Carnall. 20. C. 5.
Schacht Heintzmann v. Glücksburg 210. D. 9.
Schacht Westende 11. B. 4.
Schamrock 217. C. 9.
Schleswig 284. E. 12.
Schurbank und Charlottenburg 281. E. 12.
Schwarze Adler 83. E. 6.
Sellerbeck 24. C. 5.
Ver. Siegfried 249. E. 10.
Sieper und Mühler 136. F. 7
St. Johannes Erbst. 197. E. 8.9.
St. Mathias Erbstollen 143. E. 7.
Steingatt 96. E. 6.
Stock u. Scherenberger Gruben 162. F. 8.
Sybilla 198. E. 8. 9.
Syburg 268. F. 11.
Thuegut 213. E. 9.
Timmerbeil Tiefbau 242. E. 9.
Ver. Trappe 201. F. 8.
Trapper Erbstollen 240. F. 9.
Tremonia 263. D. 11.
Trompete 100. E. 6.
Ver. Tulipan 200. E. 8.
Ver. Urbanus 230. D. 9.
Valeria 146. E. 7.
Venus 267. E. 11.
Ver. Verborgen Glück 172. F. 8.
Verein 26. C. 5.
Vereinigung 92. D. 6.
Vict. Mathias 71. C. 6.
Vieille Montagne 15. B. 5.
Vollmond 228. D. 9.
Vollmond 218. D. 9.
Vulcan 2. B. 3.
Ver. Wallfisch 246. E. 10.
Wasserschneppe 81. D. 6.
West-Herbede 180 u. 181. E. 8.
Westfalia 271. D. 11.
Ver. Wiendahlsbank 255. E. 10.
Wiesche 25. C. 5.
Wilh. Erbstollen 133. E. 7.
Wilhelmine Victoria 137. B. 7.
Wippsterz 130. D. 7.
Wittwe 264. E. 11.
Wodan 148. E. 7.
Wolfsbank 46. C. 6.
Wolfsbank 33. C. 5.
Zollverein 105. C. 7.
Zufällig Glück 134. E. 7.

KARTE DER STEINKOHLENGRUBEN DES

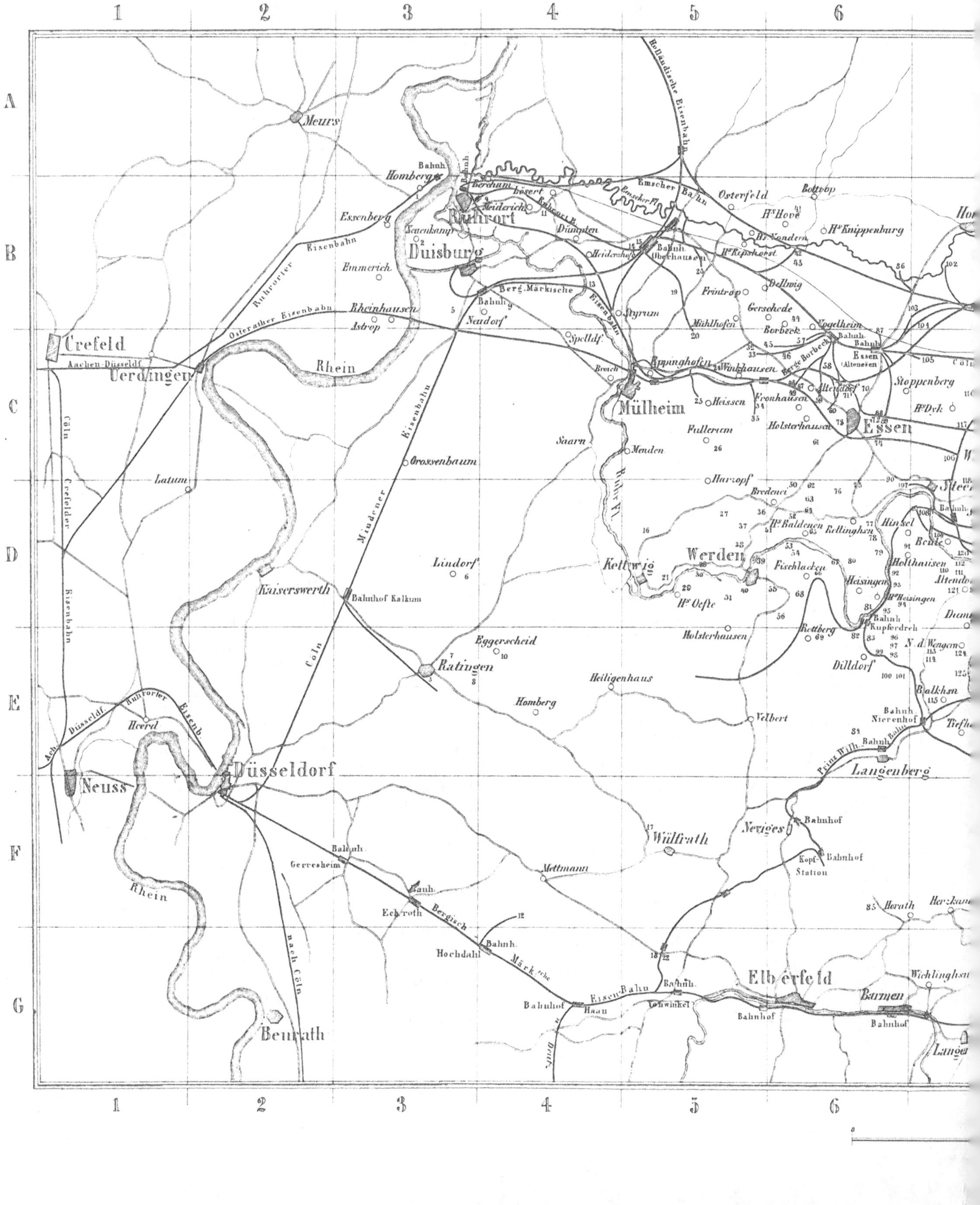

STPHALISCHEN OBERBERGAMTSBEZIRKES. Taf. XV.b.

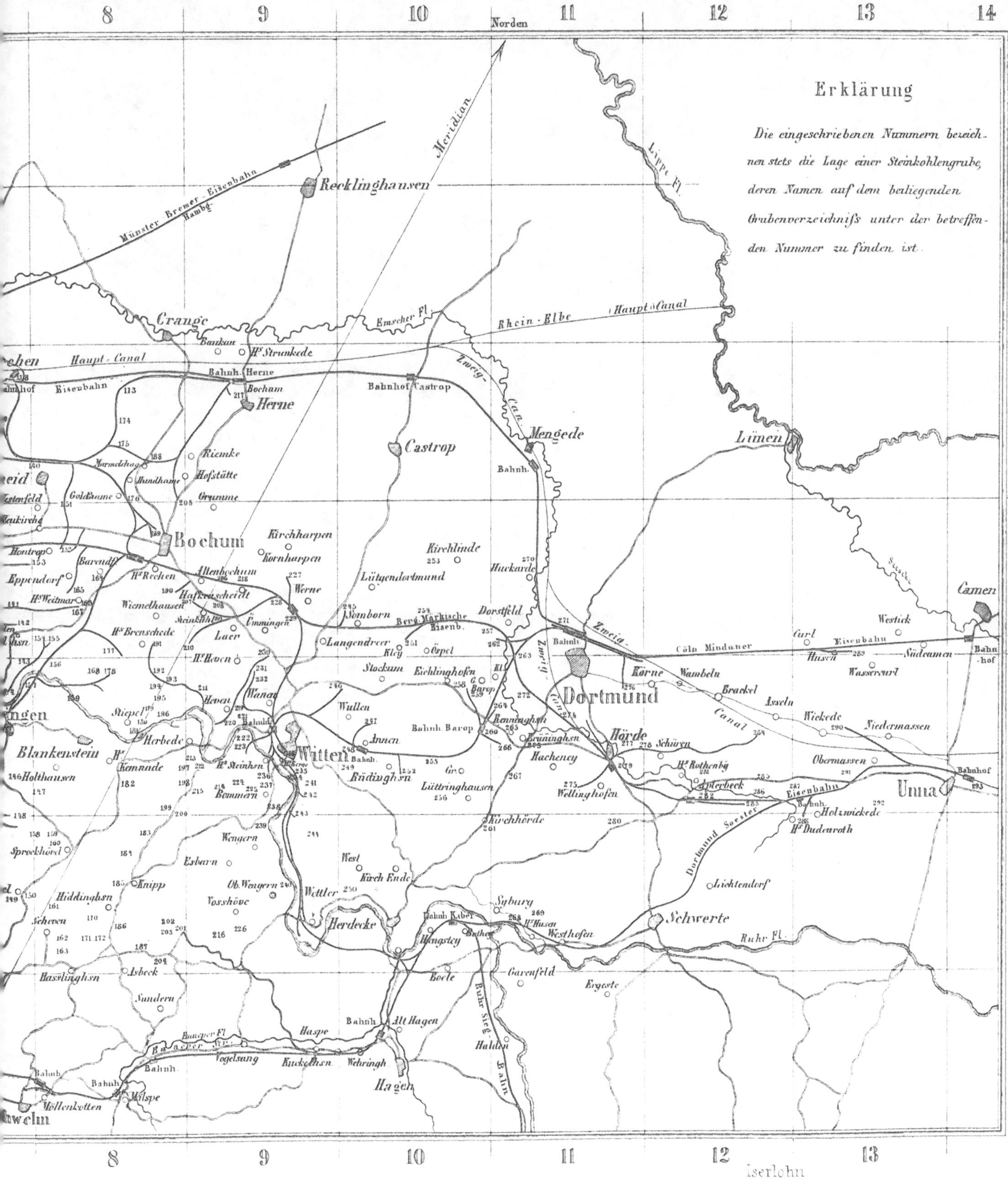

Ver: Dorstfeld.
Tiefbauschacht 86 °t.

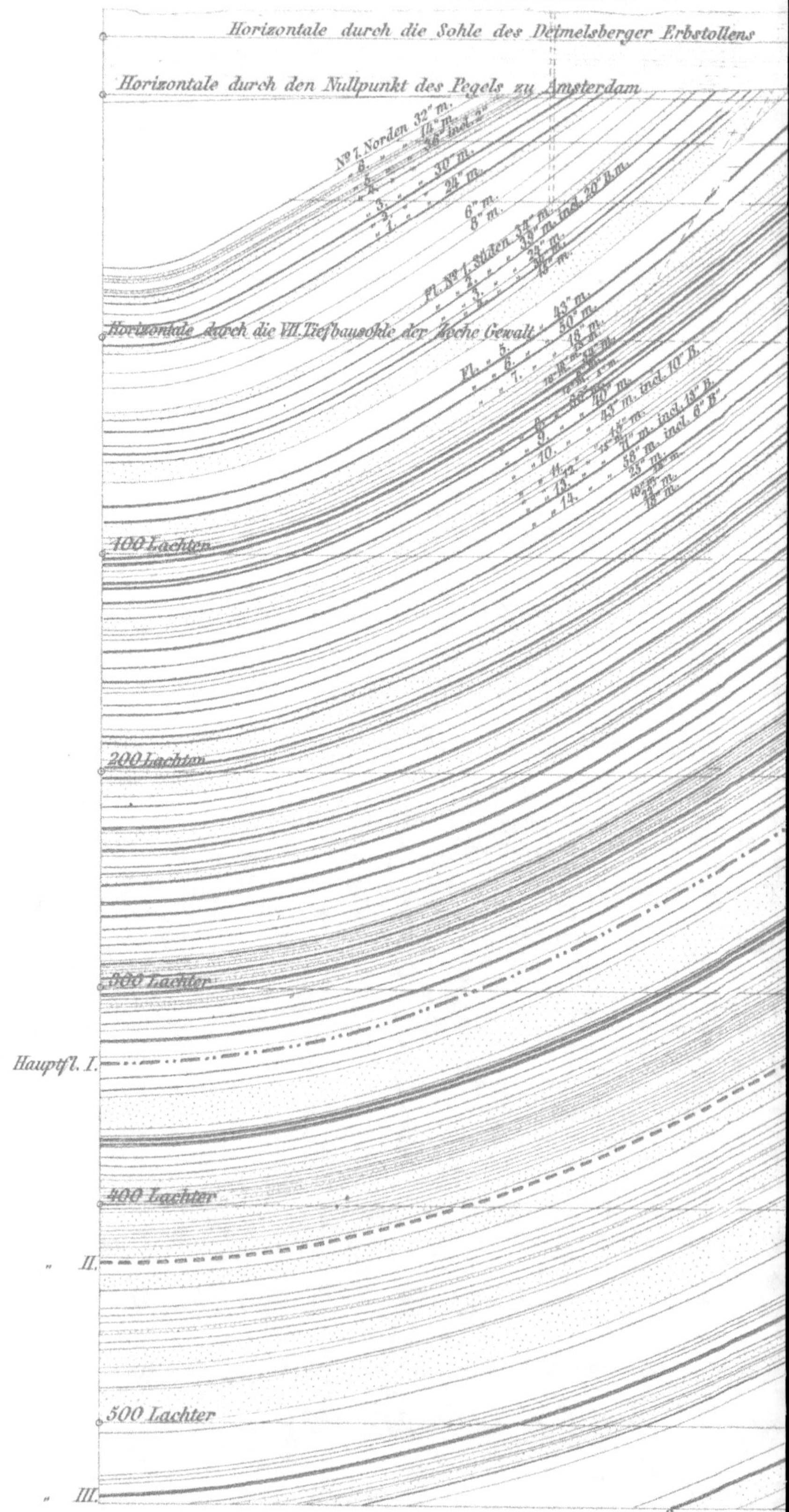

Ver: Ca
Tiefbausch

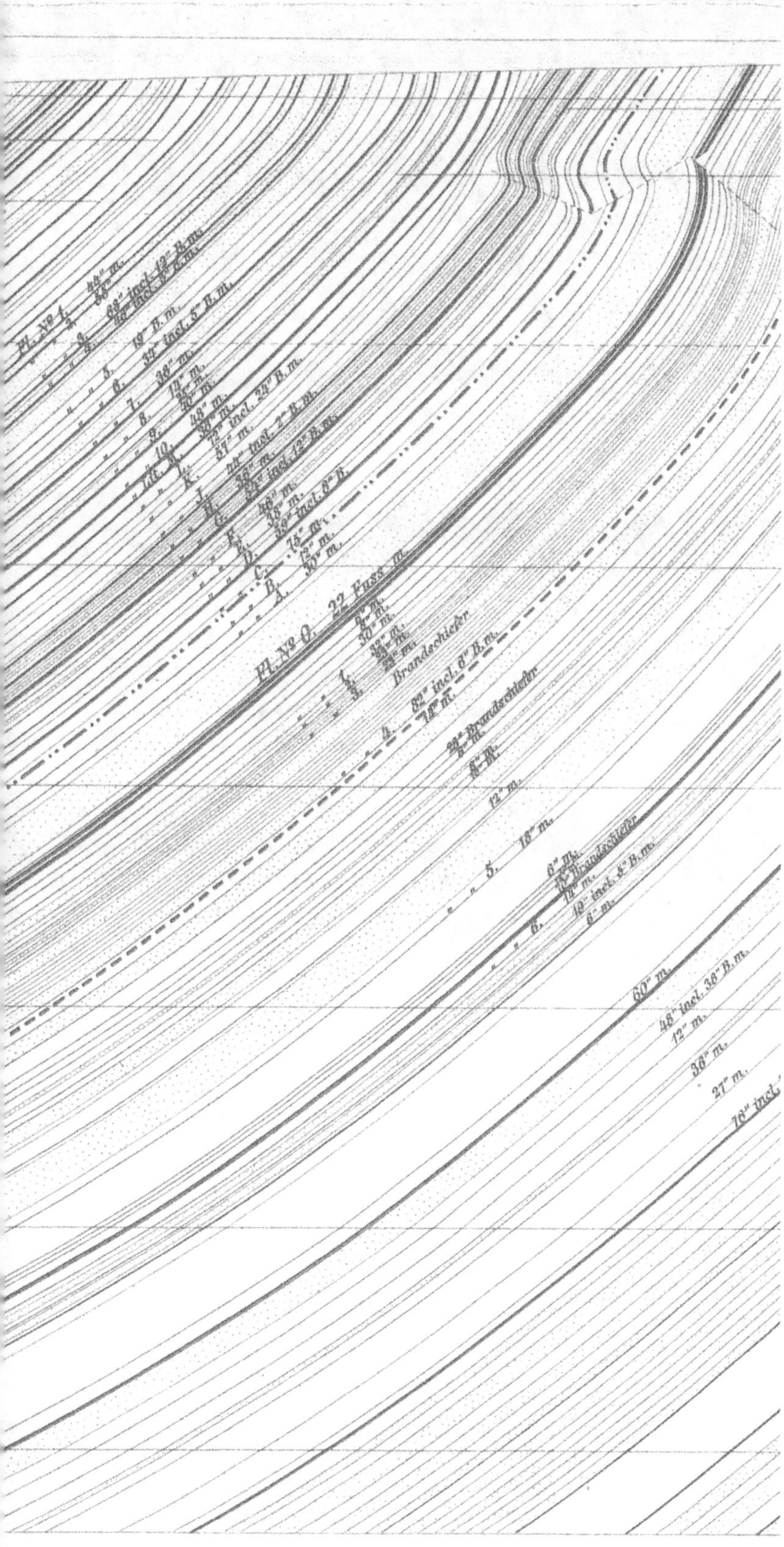

arlsglück.
acht 77½° t.

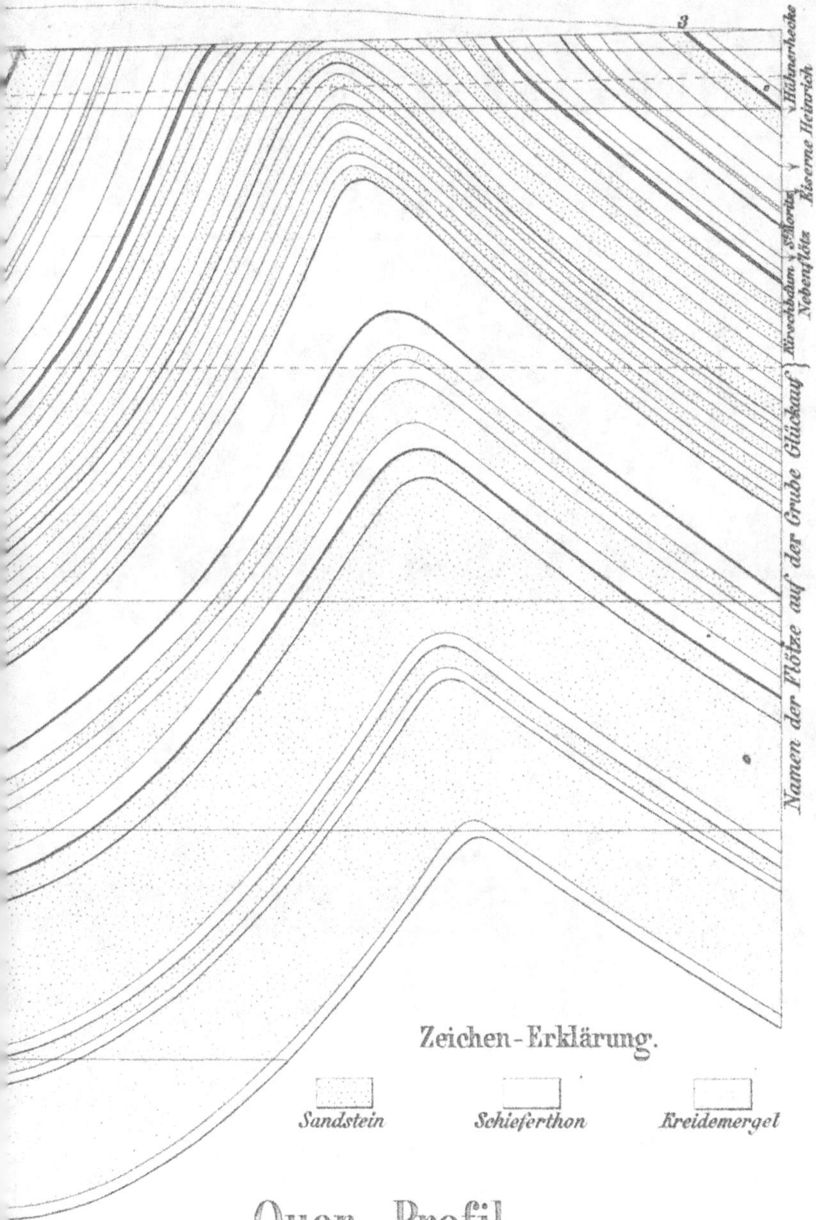

Quer-Profil
durch das
Westphälische Steinkohlenbecken.

Maafsstab: 80 Lachter = 1 Zoll preussisch.

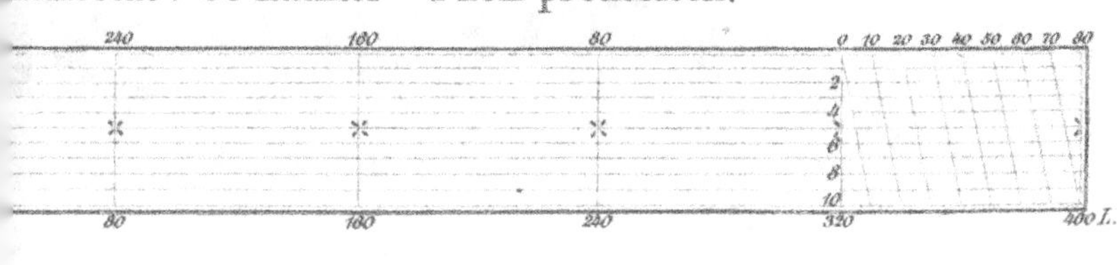

Flötz-Karte
von dem
STEINKOHLEN-GEBIRGE bei

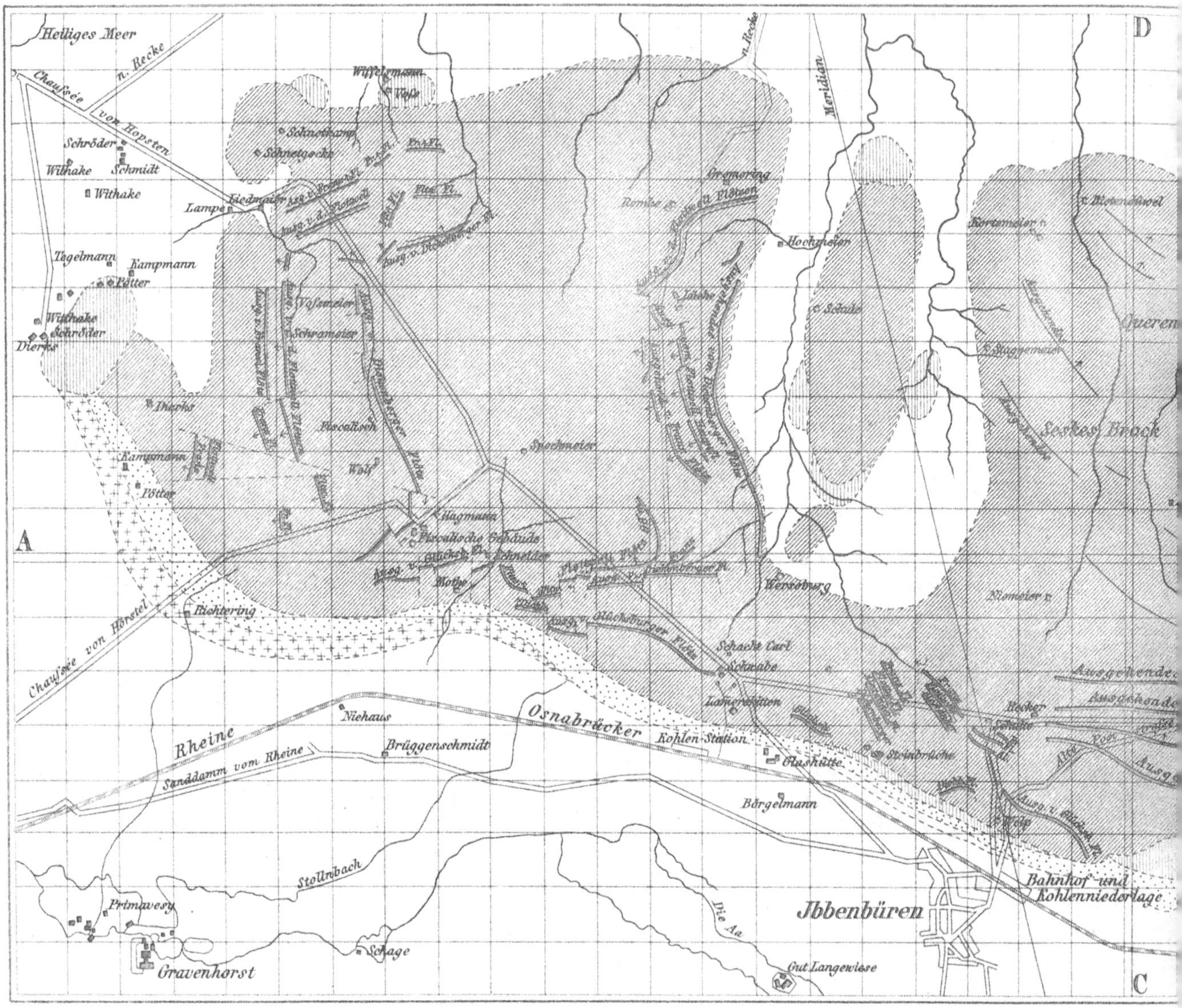

Längen-Profil nach AB.

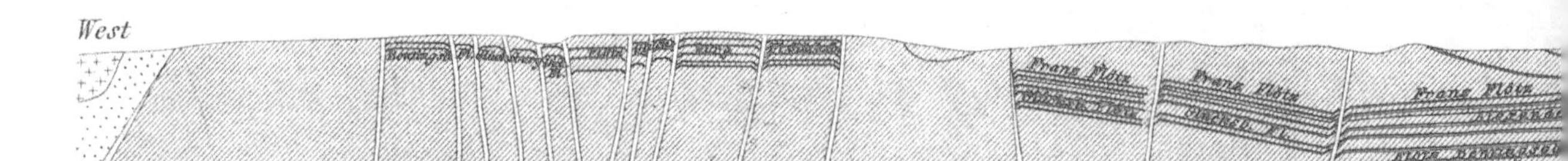

Maafsstab 1 : 48000.

0 100 200 300 400 500 600 700 800 900 1000 1200 1400 1600

BENBÜREN.

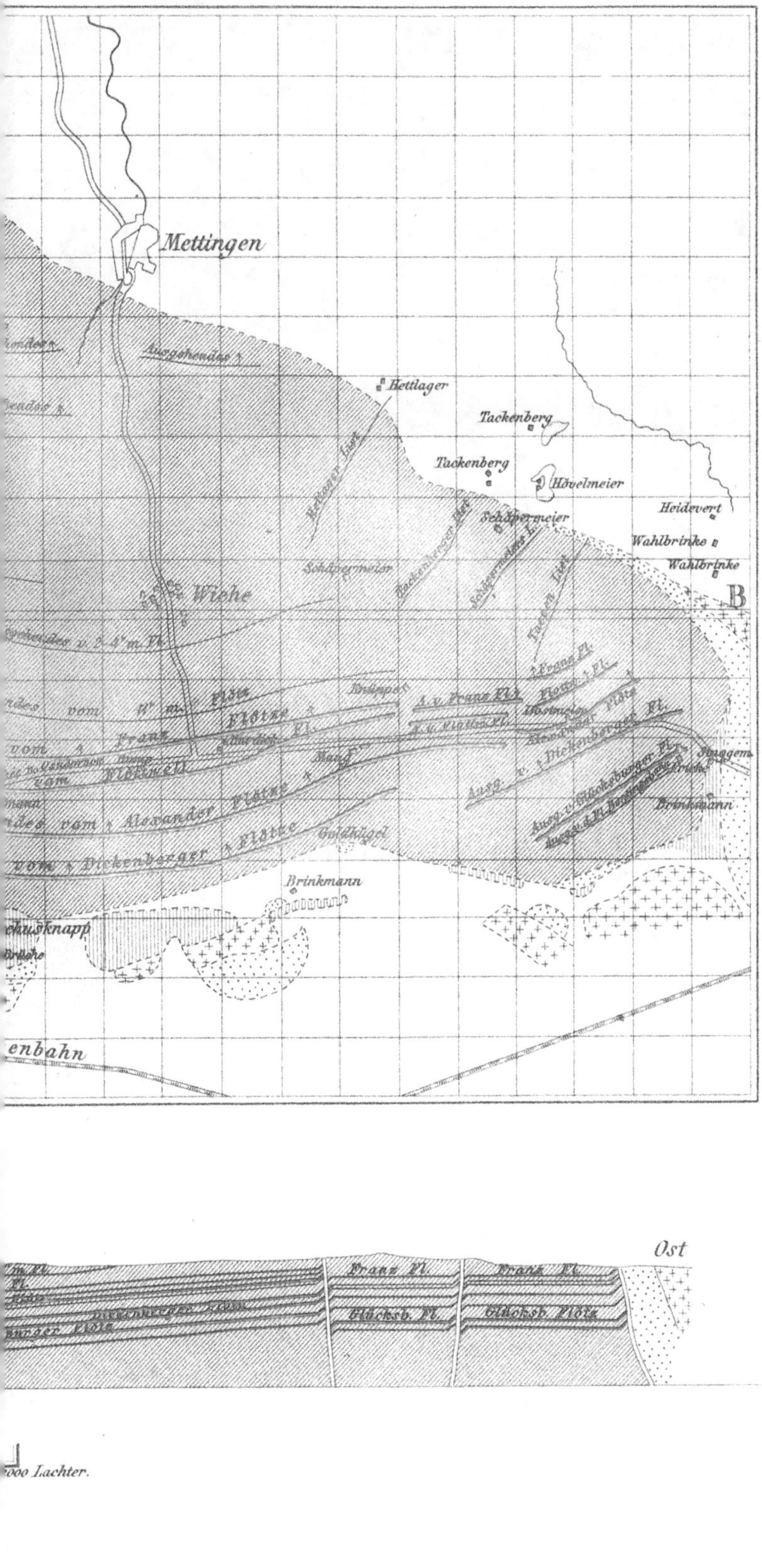

Quer-Profil nach CD.

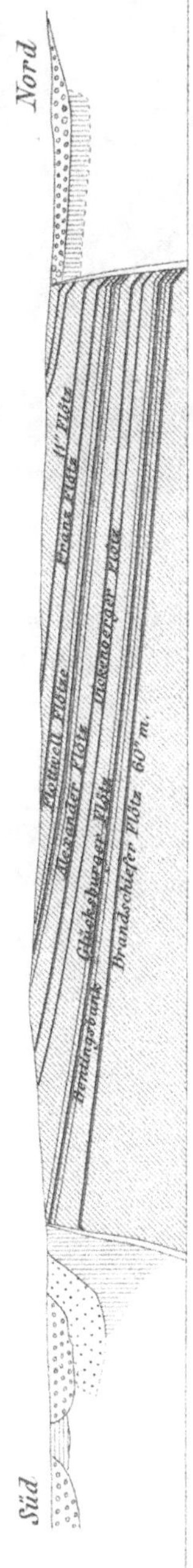

Zeichen-Erklärung.

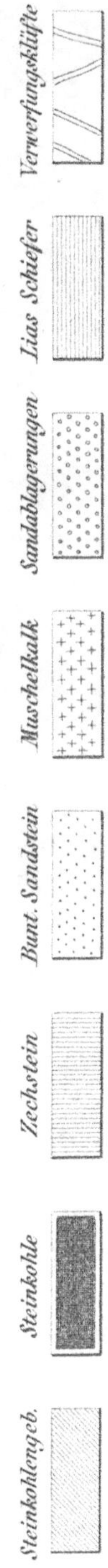

Übersichtskarte
der
Verbreitung der Wälderformation
im nordwestlichen Deutschland.
Nach v. Dechen, F. Roemer und H. Credner.
Neocome Kreideformation
Wälderformation
Weisser und brauner Jura
Maafsstab von geogr. Meilen
1 ½ 0 1 2 3 4 5
Lingen
Ems
Vechte
Wengsel
Schüttorf
Salzbergen
Gildehaus
Bentheim
Rheine
Ochtrup
Jbbenbüren
Tecklenburg
Teutoburger Wald
Hagen
Oesede
Borgloh
Jburg
Bramsche
Haase
Osnabrück
Ostercappeln
Bohmte
Hunte
Dümmer See
Borgholzhausen
Halle
Versmold
Harsewinkel
Warendorf
Gütersloh
Rheda
Wiedenbr
Ölde

F. E. Poppe gez.

Taf. XVIII.

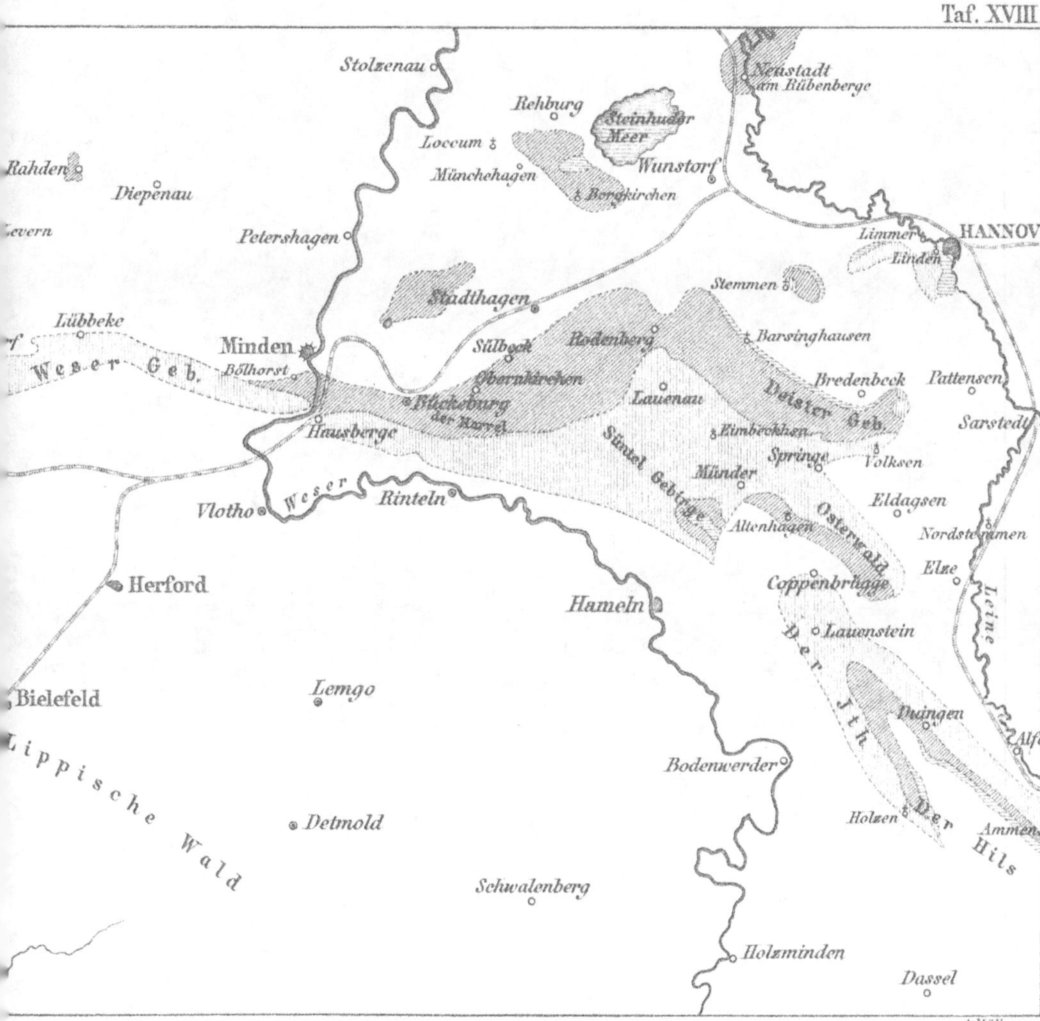

A.Müller sc.

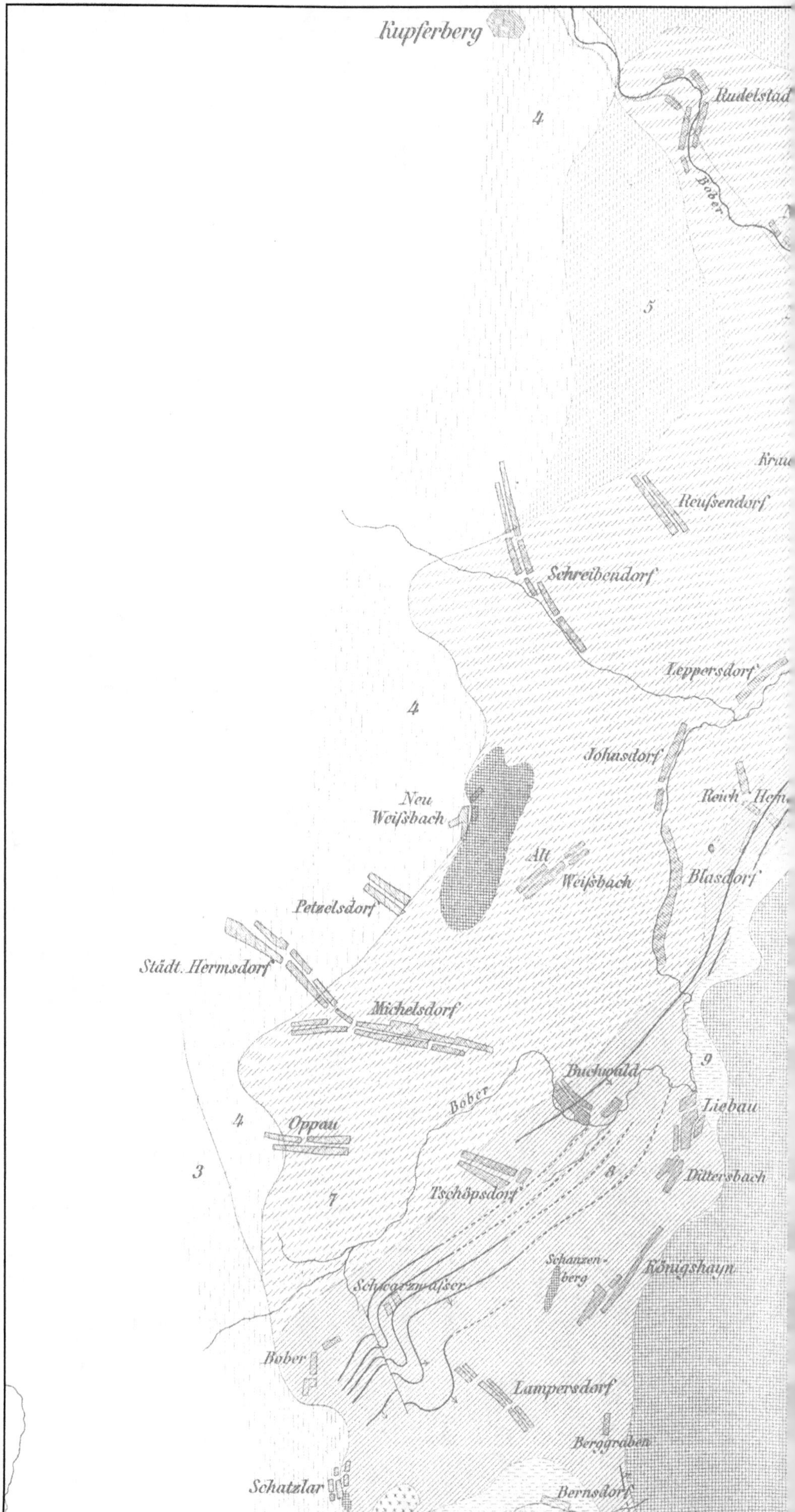

Kupferberg
Rudelstad
Bober
Reußendorf
Schreibendorf
Leppersdorf
Johnsdorf
Neu Weißbach
Alt Weißbach
Reich Hen
Blasdorf
Petzelsdorf
Städt. Hermsdorf
Michelsdorf
Buchwald
Liebau
Bober
Oppau
Tschöpsdorf
Dittersbach
Schanzen-berg
Königshayn
Schwarzwasser
Bober
Lampersdorf
Berggraben
Schatzlar
Bernsdorf

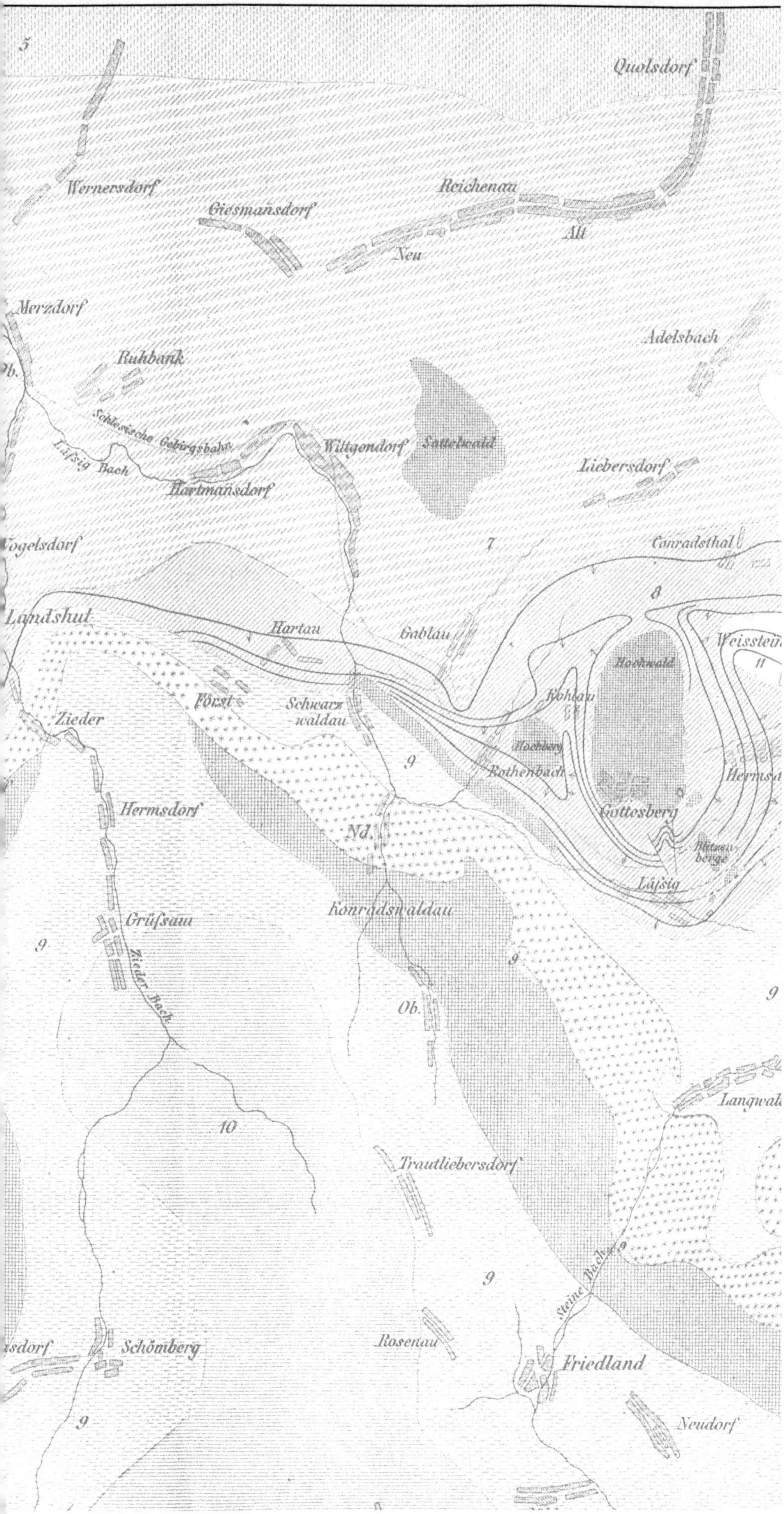

5
Quolsdorf
Wernersdorf
Giesmańsdorf
Reichenau
Alt
Neu
Merzdorf
Adelsbach
Ruhbank
Schlesische Gebirgsbahn
Läſsig Bach
Wittgendorf
Sattelwald
Liebersdorf
Hartmańsdorf
7
Conradsthal
8
Landshut
Hartau
Gablau
Hochwald
11
Forst
Schwarz waldau
Rohnau
Zieder
Hochberg
Rothenbach
9
Hermsdorf
Gottesberg
Nd.
Läſsig
Konradswaldau
Grüſsau
Zieder Bach
Ob.
10
Trautliebersdorf
Steine Bach
Rosenau
Schömberg
Friedland
Neudorf

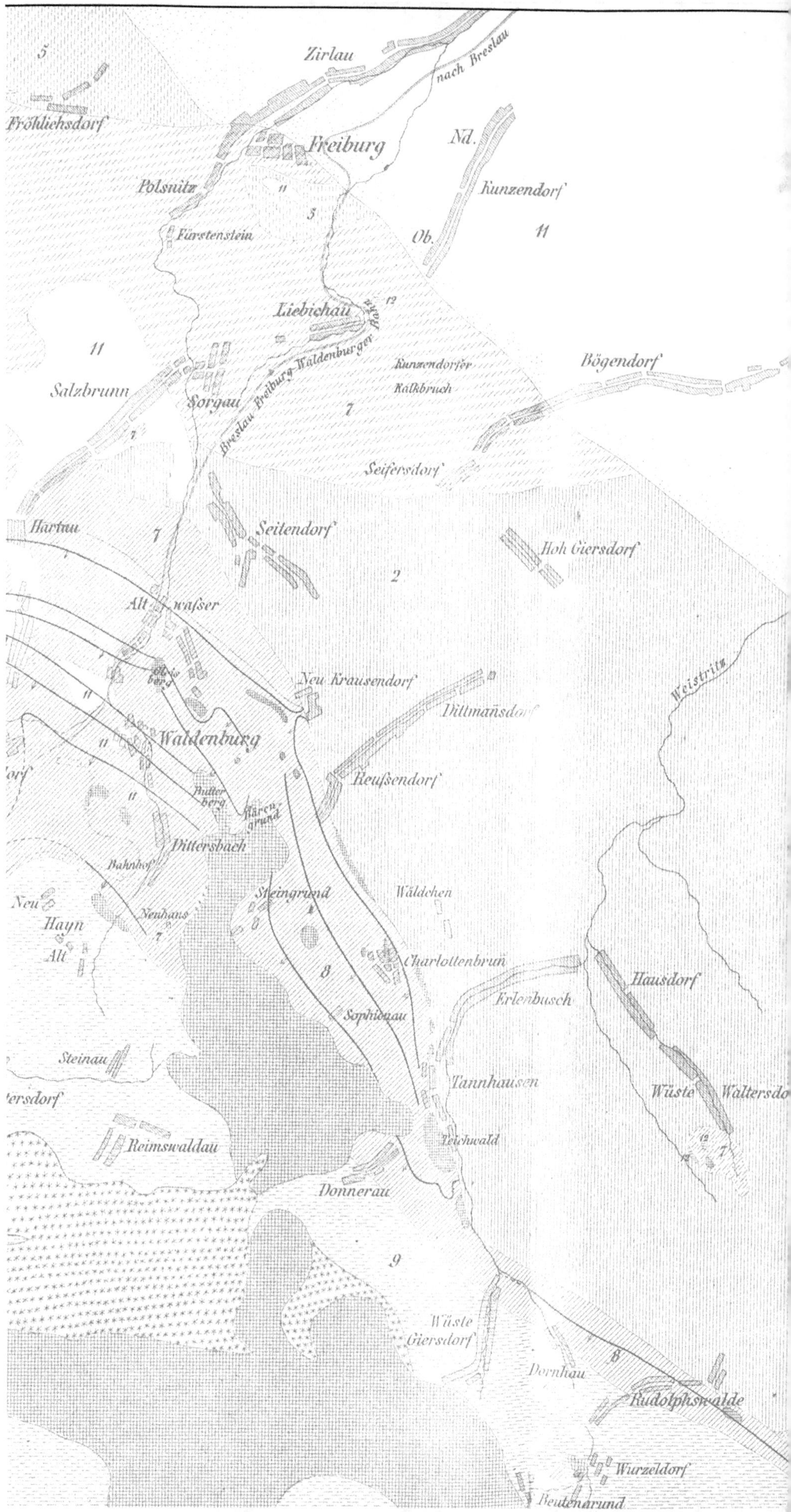
Zirlau
nach Breslau
Fröhlichsdorf
Freiburg
Nd.
Kunzendorf
Ob.
Polsnitz
Fürstenstein
Liebichau
Breslau Freiburg Waldenburger Bahn
Kunzendorfer Kalkbruch
Bögendorf
Salzbrunn
Sorgau
Seifersdorf
Hartau
Seitendorf
Hoh Giersdorf
Alt wasser
Neu Krausendorf
Dittmansdorf
Weistritz
Waldenburg
Reussendorf
Dittersbach
Bahnhof
Steingrund
Wäldchen
Neu
Hayn
Alt
Neuhaus
Charlottenbrun
Hausdorf
Erlenbusch
Sophienau
Steinau
Tannhausen
Wüste Waltersdo
Reimswaldau
Teichwald
Donnerau
Wüste Giersdorf
Dornhau
Rudolphswalde
Wurzeldorf
Beutenagrund

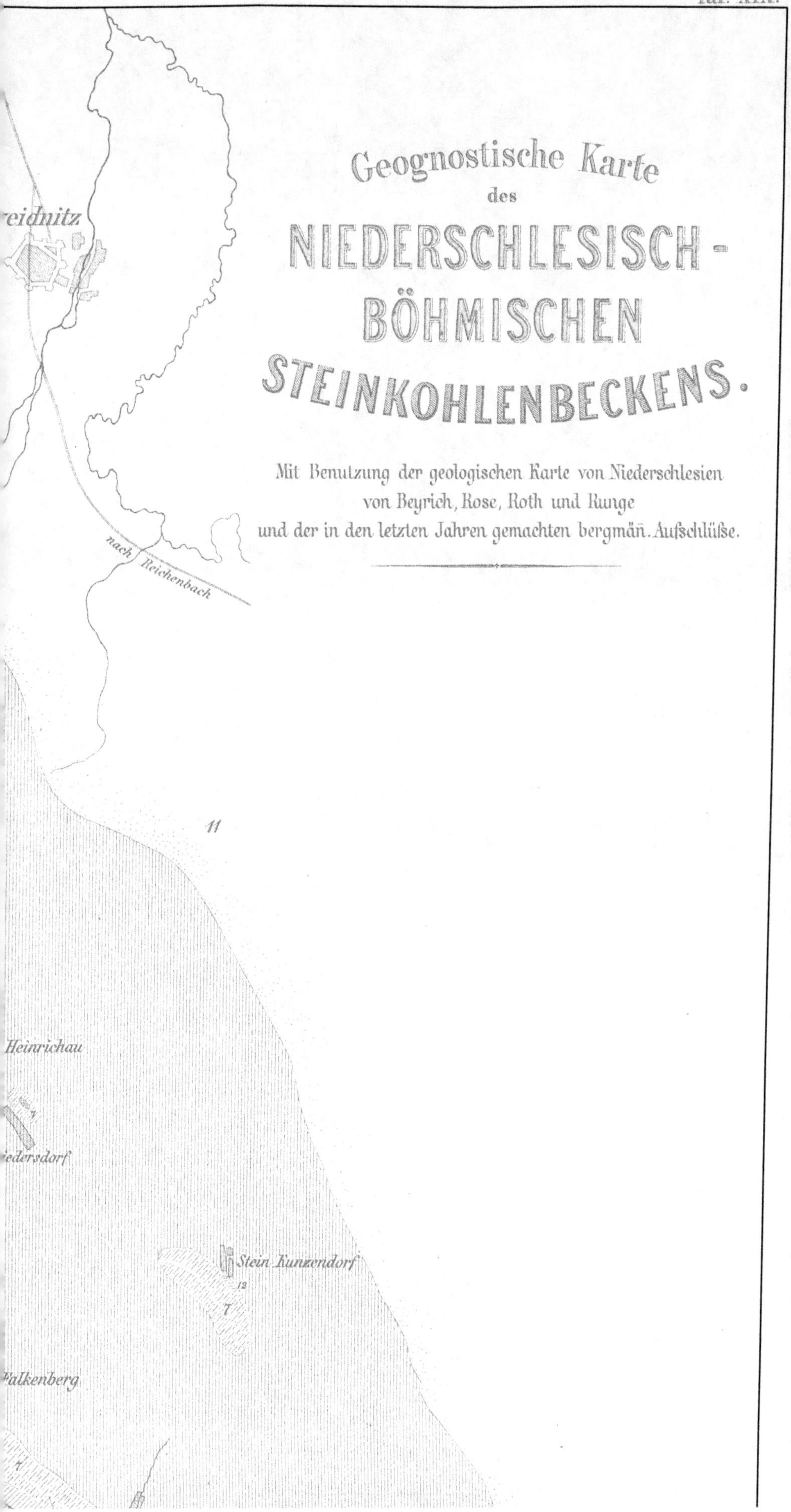
Geognostische Karte
des
NIEDERSCHLESISCH-
BÖHMISCHEN
STEINKOHLENBECKENS.
Mit Benutzung der geologischen Karte von Niederschlesien
von Beyrich, Rose, Roth und Runge
und der in den letzten Jahren gemachten bergmän. Aufschlüße.
eidnitz
nach Reichenbach
11
Heinrichau
edersdorf
Stein Kunzendorf
12
7
alkenberg
7

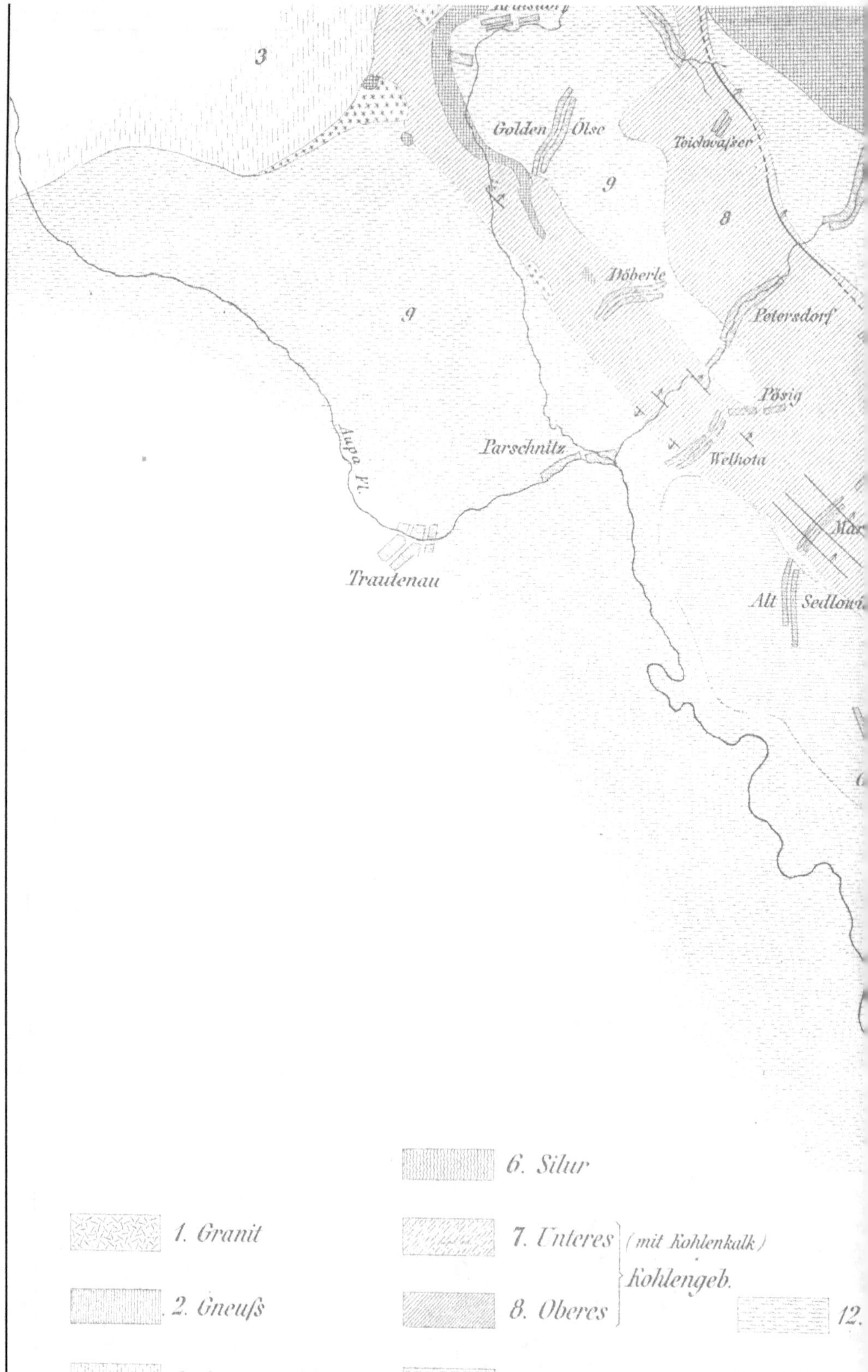

Golden Ölse
Teichwaßer
Döberle
Petersdorf
Pösig
Welhota
Parschnitz
Aupa Fl.
Trautenau
6. Silur
1. Granit
7. Unteres (mit Kohlenkalk) Kohlengeb.
8. Oberes
2. Gneuß
3. Glimmerschiefer
9. Rothliegendes
4. Hornblendeschiefer
10. Kreideformation
5. Urthonschiefer u. Grüne Schiefer
11. Diluvium

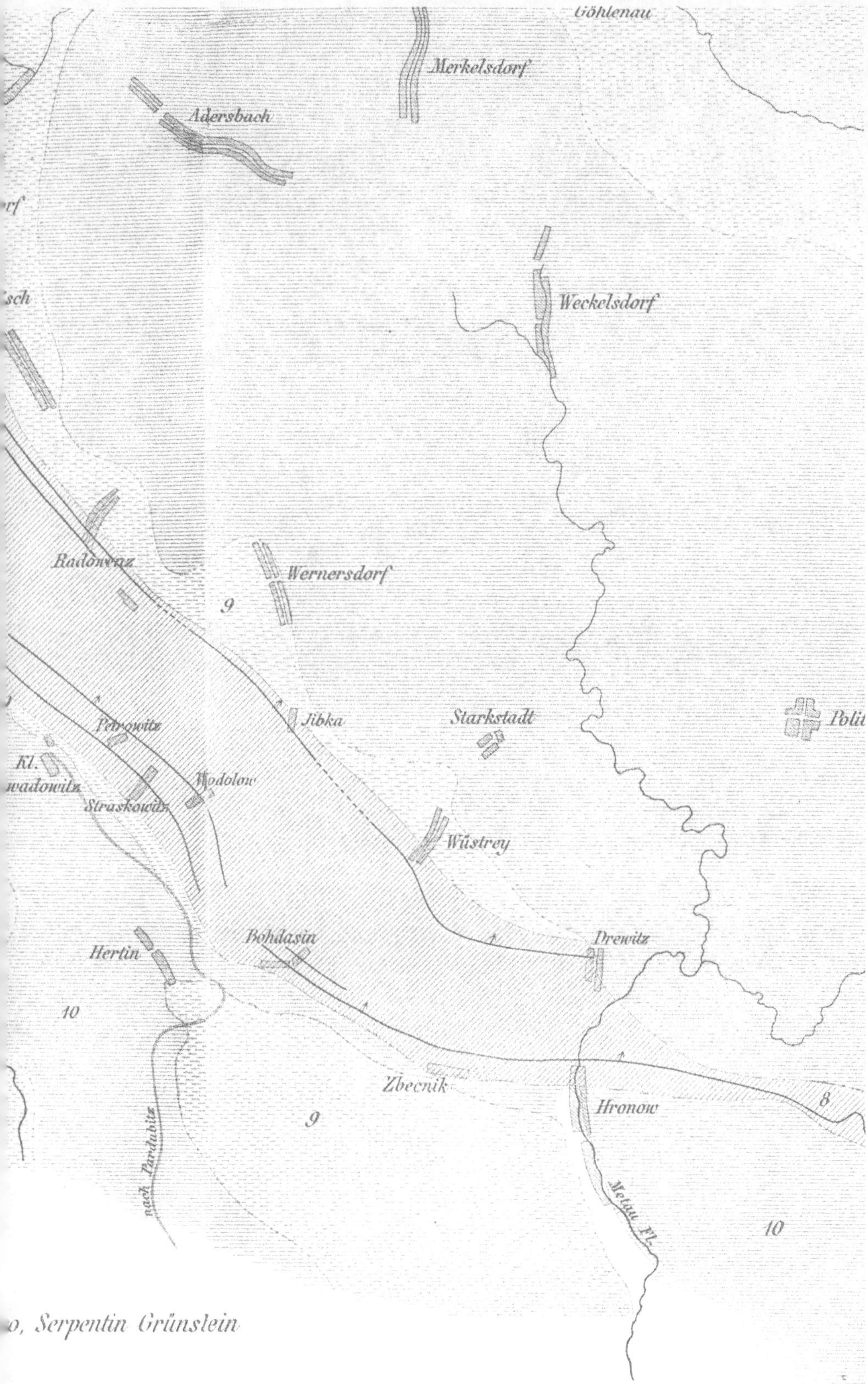

o, Serpentin Grünstein

path Porphyr und Porphyr-Conglomerate

phyr oder Basaltit

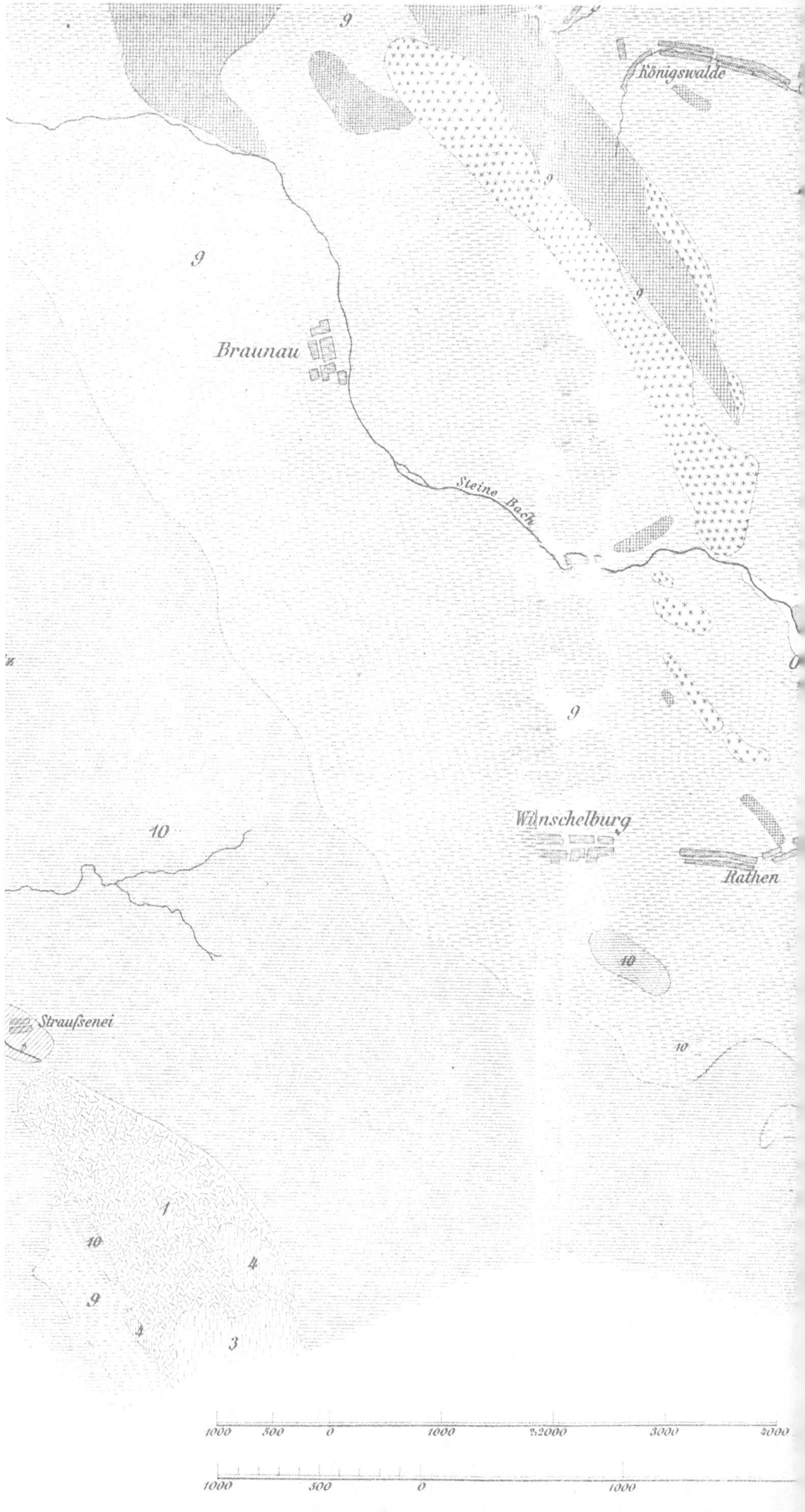
Königswalde
Braunau
Steine Bach
Wünschelburg
Rathen
Straufsenei
9
10
1
4
3
1000 500 0 1000 2000 3000 4000
1000 500 0 1000

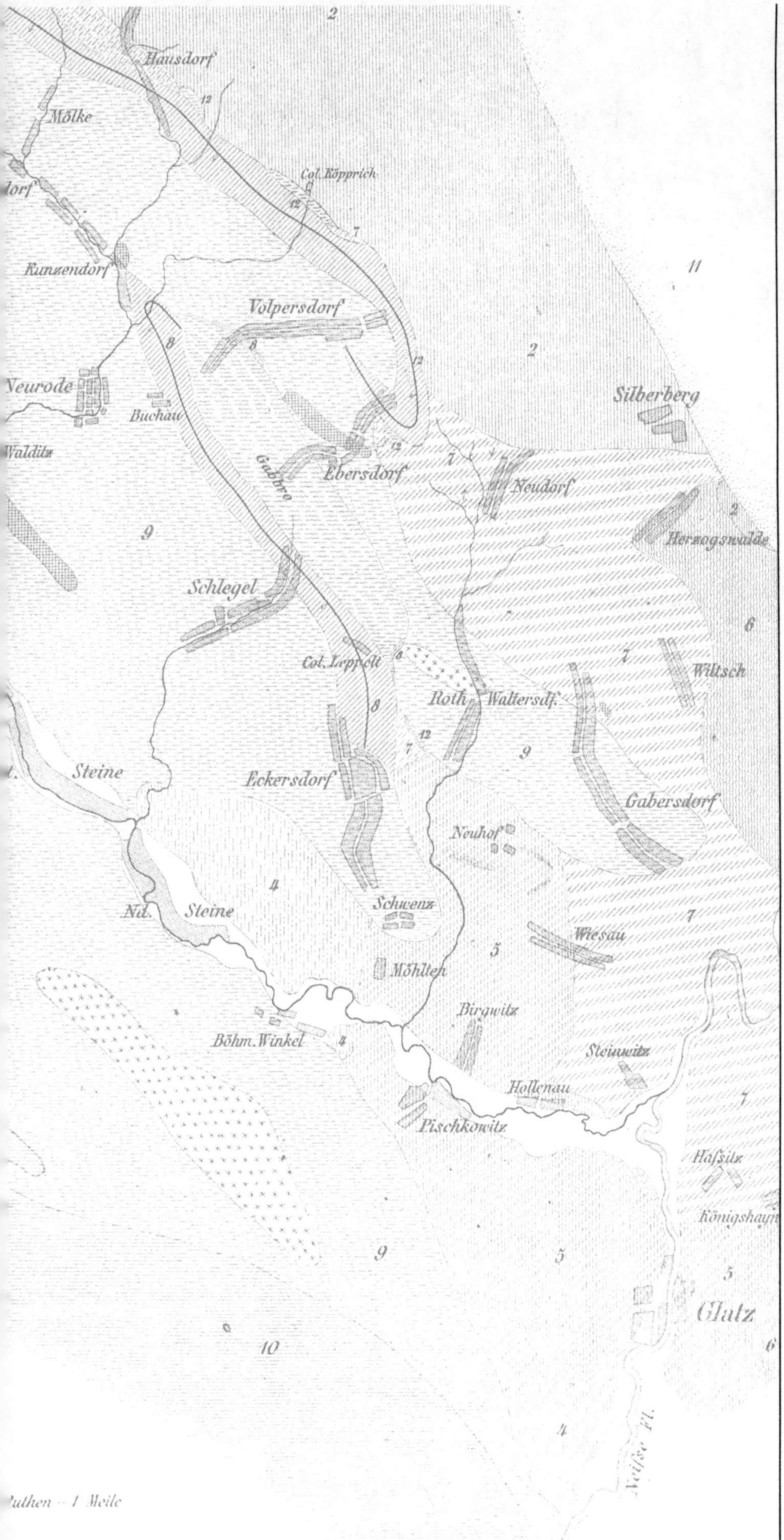
Hausdorf
Mölke
Col. Köpprich
Kunzendorf
Volpersdorf
Neurode
Buchau
Walditz
Silberberg
Gabbro
Ebersdorf
Neudorf
Herzogswalde
Schlegel
Col. Leppelt
Roth Waltersdf.
Wiltsch
Steine
Eckersdorf
Gabersdorf
Neuhof
Nd. Steine
Schwenz
Wiesau
Möhlten
Birgwitz
Böhm. Winkel
Steinwitz
Hollenau
Pischkowitz
Haſsitz
Königshayn
Glatz
Neiſse Fl.
uthen = 1 Meile

Haupt-Profil durch den liegenden ur

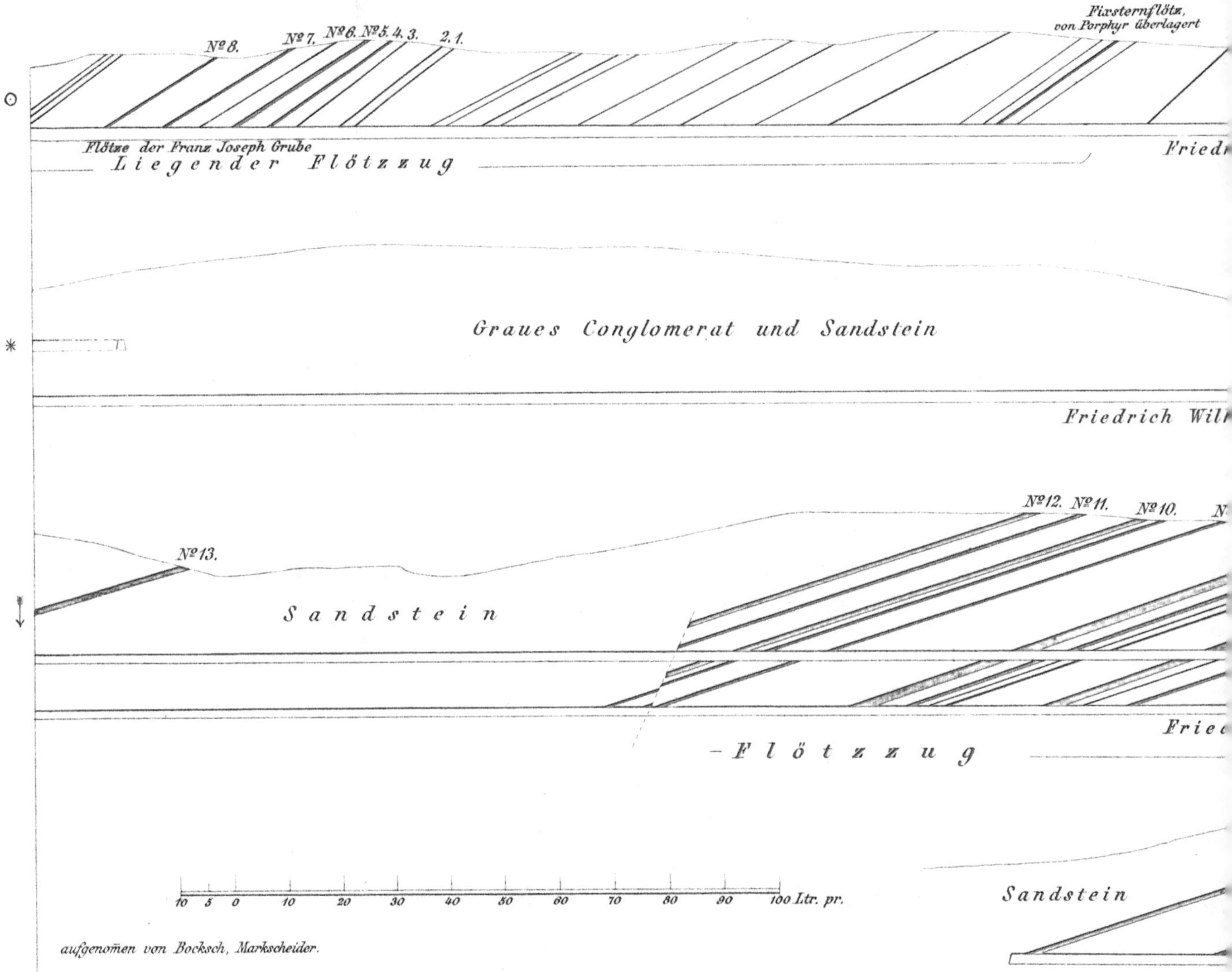

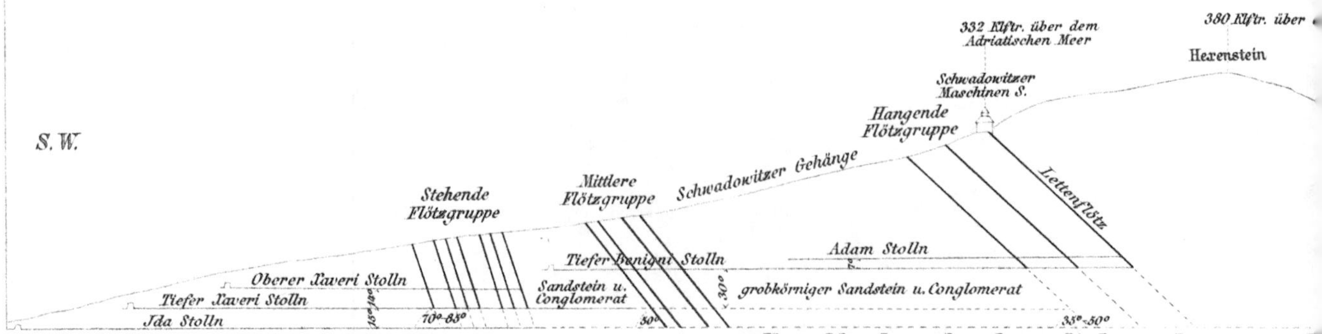

Profil durch die Schwadowitz-

angenden Flötzzug bei Waldenburg.

Taf. XX.

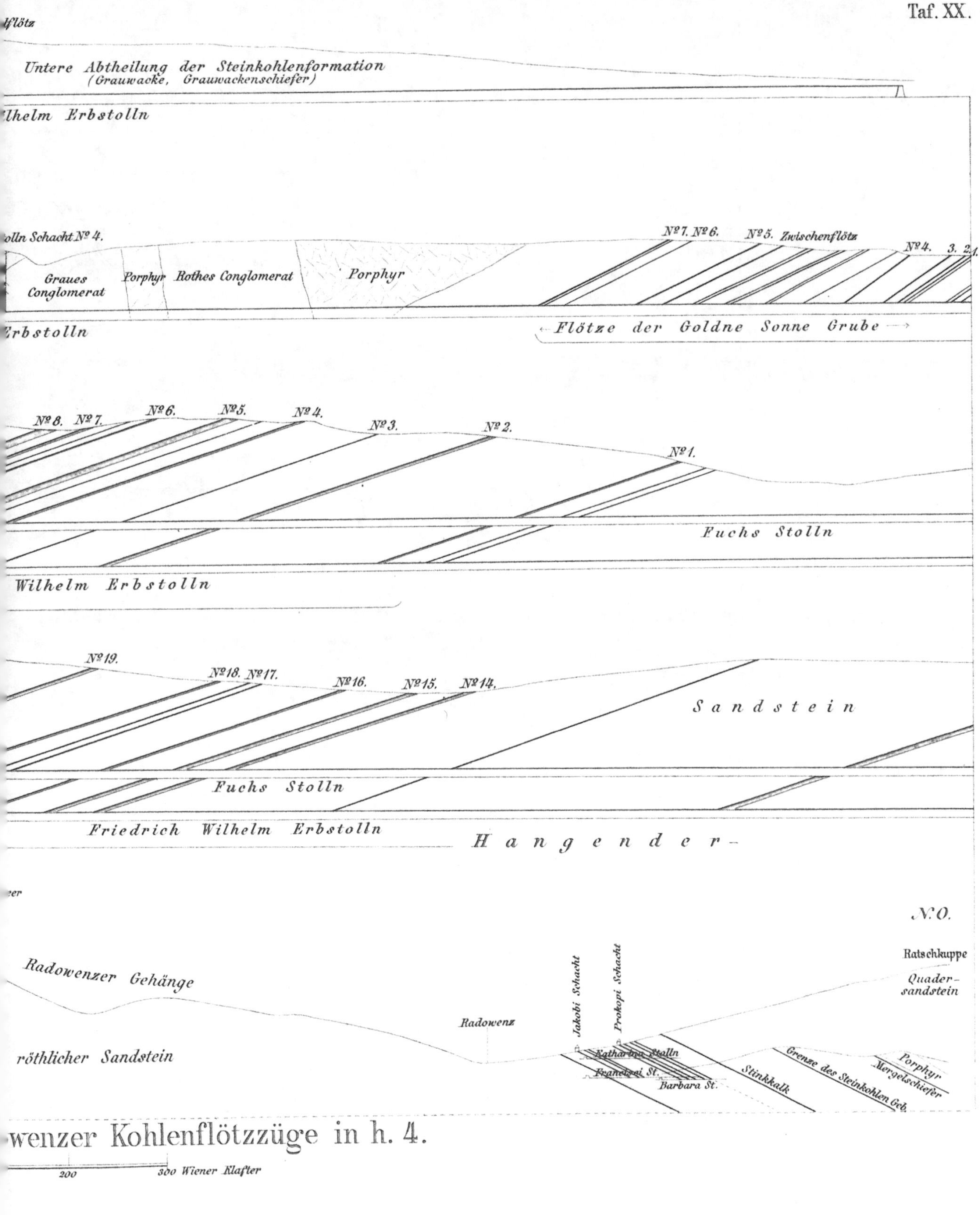

wenzer Kohlenflötzzüge in h. 4.

200 300 Wiener Klafter

36°
15'
30'
Tarnowitz
Tost
Peiskretscham
Miechowitz
nach Breslau
Canal
Klodnitz
Kosel
Mikultschütz
Bobrek
Zabrze
Biskupitz
Gleiwitz
Ellgut
Kieferstädtel
Neudorf
Halemba
Oder
Ornontowitz
Czuchow
Col.
Czerwionka
Belk
Orzesche
P R E U S S.
S C H L E
Rybnik
Ratibor
nach Leobschütz
Pietze
Niewiadom
Czernitz
Radoschau
Jedobschütz
Rydultau
Pyrtultau
Pschow
Radlin
Loslau
Sohrau
Jastrzemb
Olsa
Oderberg
D. Leuten
Dittmannsdorf
Hultschin
nach Troppau
Koblau
Wirbitz
Petrzkowitz
Hruschau
Reichwaldau
Dombrau
Freistadt
Oppa
Ellgut
Muglinau
Orlau
Karwin
Hoscialkowitz
Mähr. Ostrau
Pol.
Peterswald
Michalkowitz
Pogwisdau
Baumgarten
Suchau
Stonawka
Radwanitz
Neudorf
Schönbrun
Witkowitz
Schönhof
Teschen
Weichsel
O E S T R. S C H L E S I
nach Wien
Ostrawitza
36° Länge
45'

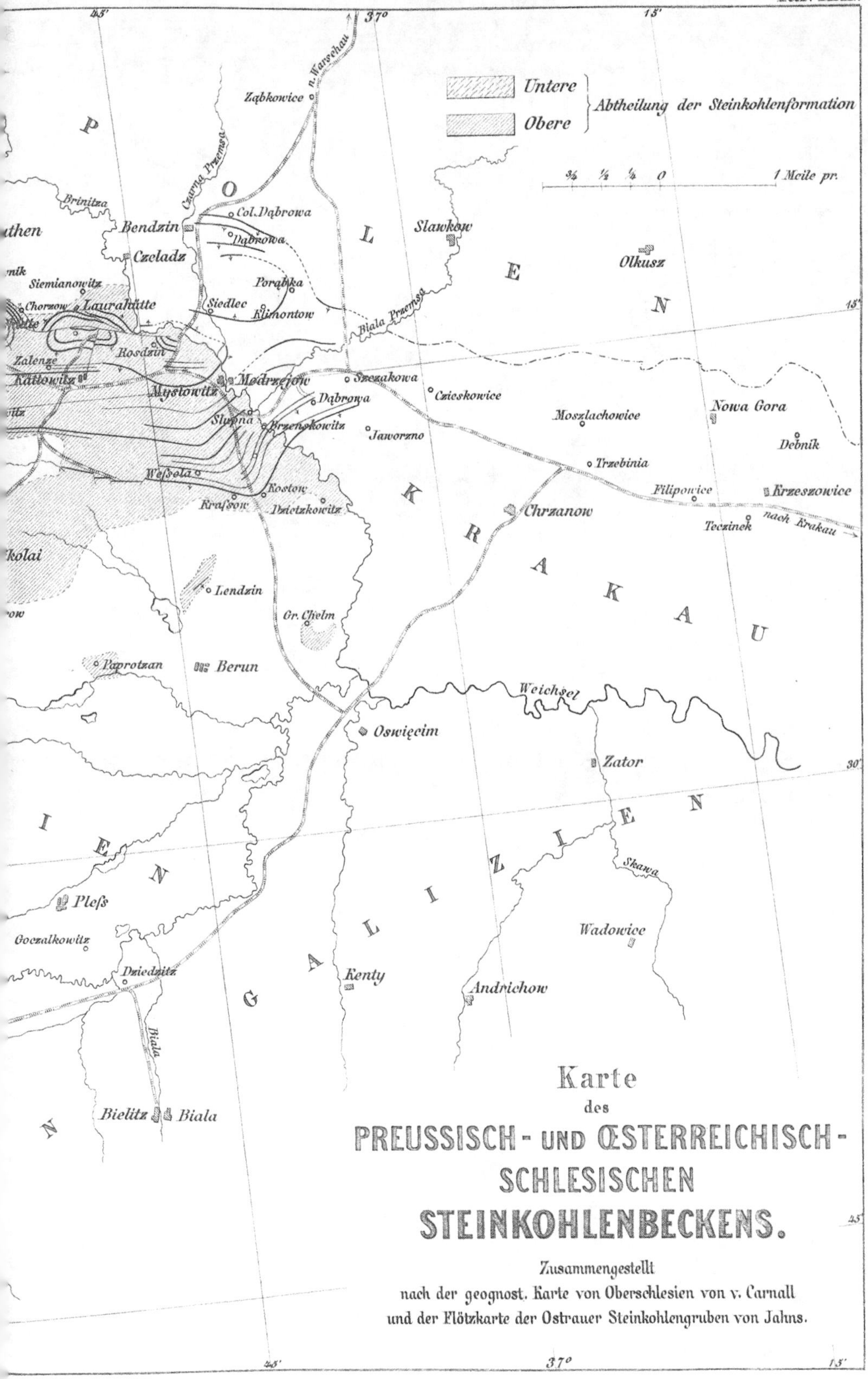

Karte
des
PREUSSISCH- UND ŒSTERREICHISCH-SCHLESISCHEN STEINKOHLENBECKENS.

Zusammengestellt
nach der geognost. Karte von Oberschlesien von v. Carnall
und der Flötzkarte der Ostrauer Steinkohlengruben von Jahns.

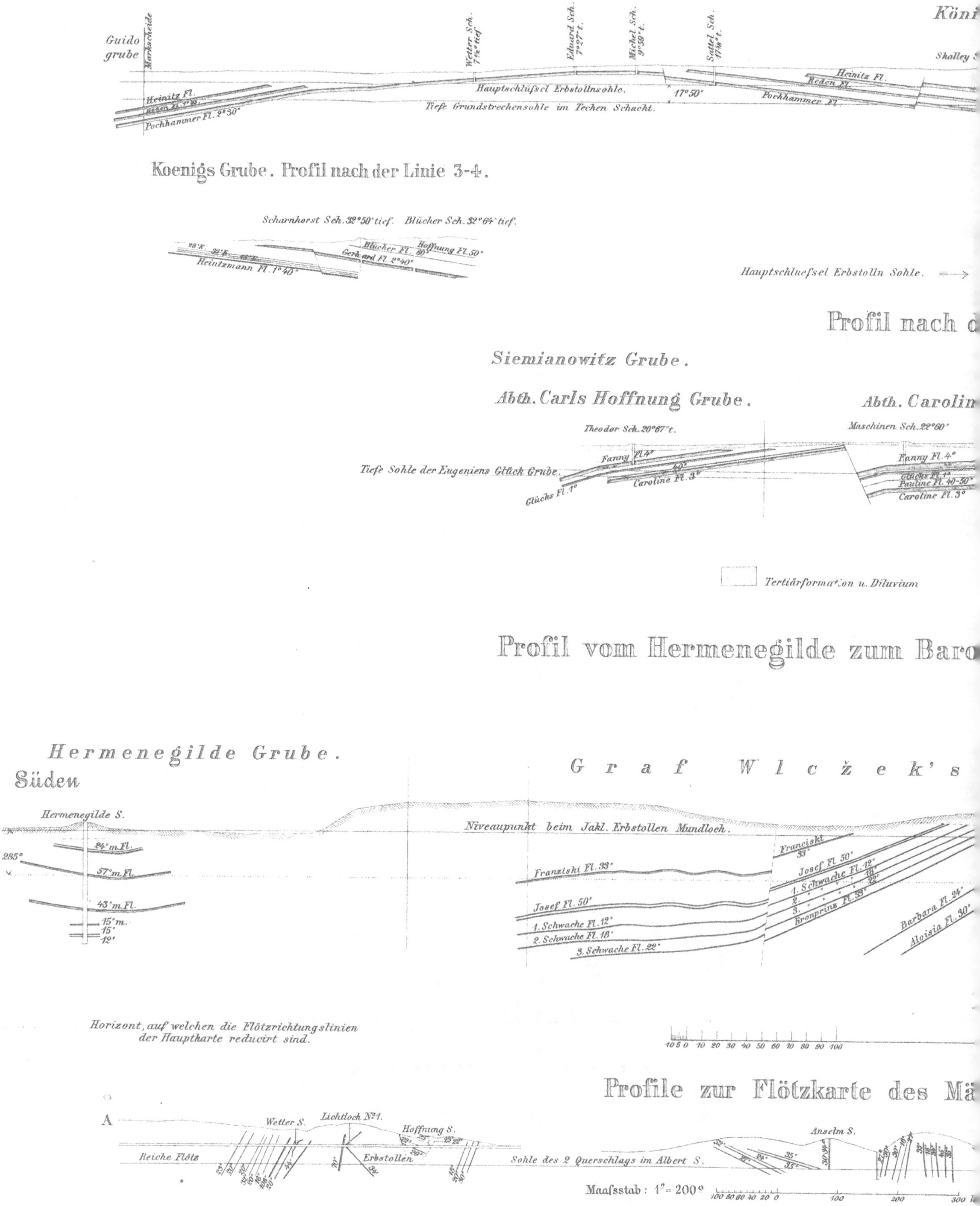
Guido grube
Markscheide
Wetter Sch. 7½° tief
Eduard Sch. 7°27' t.
Michel Sch. 9°59' t.
Sattel Sch. 17⅛° t.
Köni
Skalley
Heinitz Fl.
Reden Fl.
Pochhammer Fl. 2°30'
Hauptschlüſsel Erbstollnsohle.
17°50'
Tiefe Grundstrechensohle im Techen Schacht.
Pochhammer Fl.
Koenigs Grube. Profil nach der Linie 3-4.
Scharnhorst Sch. 32°50' tief. Blücher Sch. 32°64' tief.
Blücher Fl. 60°
Hoffnung Fl. 50°
Gerhard Fl. 2°40'
Heintzmann Fl. 1°40'
Hauptschluefsel Erbstolln Sohle.
Profil nach d
Siemianowitz Grube.
Abth. Carls Hoffnung Grube.
Abth. Carolin
Theodor Sch. 20°67' t.
Maschinen Sch. 22°60'
Tiefe Sohle der Eugeniens Glück Grube.
Fanny Fl. 4°
Glücks Fl. 1°
Caroline Fl. 3°
Pauline Fl. 40-50'
Tertiärformation u. Diluvium
Profil vom Hermenegilde zum Baro
Hermenegilde Grube.
Süden
Graf Wlcžek's
Hermenegilde S.
285°
24' m. Fl.
57' m. Fl.
43' m. Fl.
15' m.
15'
12'
Niveaupunkt beim Jakl. Erbstollen Mundloch.
Franziski Fl. 33'
Josef Fl. 50'
1. Schwache Fl. 12'
2. Schwache Fl. 18'
3. Schwache Fl. 22'
Franziski 33'
Josef Fl. 50'
Kronprinz Fl. 33'
Barbara Fl. 24'
Aloisia Fl. 30'
Horizont, auf welchen die Flötzrichtungslinien der Hauptkarte reducirt sind.
10 5 0 10 20 30 40 50 60 70 80 90 100
Profile zur Flötzkarte des Mä
A
Wetter S.
Lichtloch No 1.
Hoffnung S.
Reiche Flötz
Erbstollen
Sohle des 2 Querschlags im Albert S.
Anselm S.
Maaſsstab: 1" = 200°
100 80 60 40 20 0 100 200 300

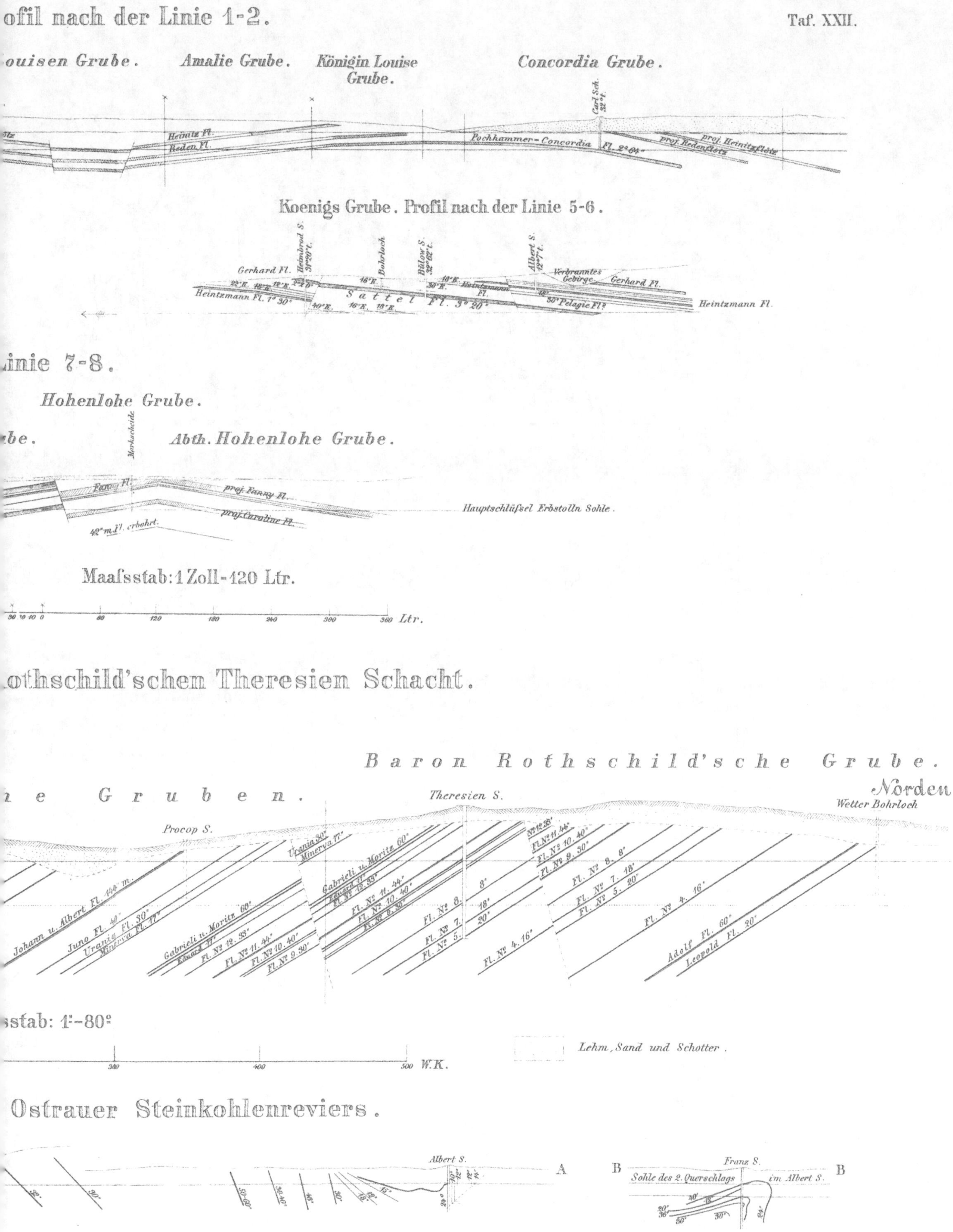
ofil nach der Linie 1-2.
ouisen Grube.
Amalie Grube.
Königin Louise Grube.
Concordia Grube.
Heinitz Fl.
Reden Fl.
Pochhammer-Concordia Fl.
proj. Heinitzflötz
proj. Redenflötz
Koenigs Grube. Profil nach der Linie 5-6.
Gerhard Fl.
Heintzmann Fl.
Sattel Fl.
Verbranntes Gebirge.
Pelagie Fl.
Bohrloch
Heintzmann Fl.
inie 7-8.
Hohenlohe Grube.
be.
Abth. Hohenlohe Grube.
Markscheide
Fanny Fl.
proj. Fanny Fl.
proj. Caroline Fl.
Hauptschlüssel Erbstolln Sohle.
Maafsstab: 1 Zoll-120 Ltr.
Ltr.
othschild'schen Theresien Schacht.
Baron Rothschild'sche Grube.
Norden
e Gruben.
Theresien S.
Wetter Bohrloch
Procop S.
Johann u. Albert Fl.
Juno Fl.
Urania Fl.
Minerva Fl.
Gabrieli u. Moritz
Eduard
Adolf Fl.
Leopold Fl.
sstab: 1"-80°
W.K.
Lehm, Sand und Schotter.
Ostrauer Steinkohlenreviers.
Albert S.
A
B
Franz S.
Sohle des 2. Querschlags im Albert S.
B

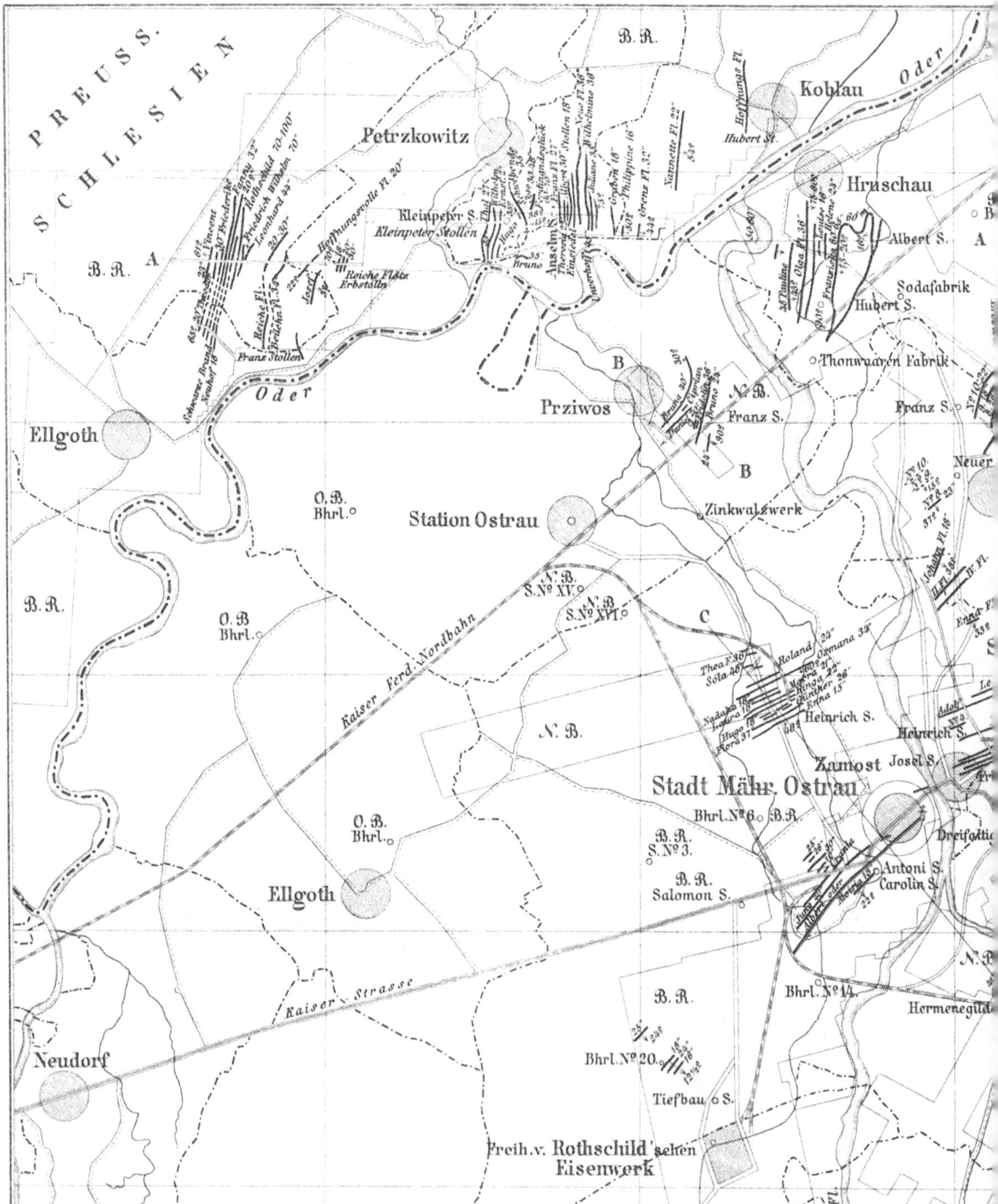
PREUSS. SCHLESIEN
Petrzkowitz
Koblau
Oder
Hruschau
Albert S.
Sodafabrik
Hubert S.
Thonwaaren Fabrik
Kleinpeter S.
Kleinpeter Stollen
Franz Stollen
Ellgoth
Przywos
Franz S.
Station Ostrau
Zinkwalzwerk
Kaiser Ferd. Nordbahn
Heinrich S.
Zamost
Stadt Mähr. Ostrau
Salomon S.
Antoni S.
Carolin S.
Ellgoth
Kaiser Strasse
Neudorf
Tiefbau S.
Freih. v. Rothschild'schen Eisenwerk
Witkowitz
Zabrzech
Ostrawitza Fl.
Hermenegild
Josef S.
Dreifaltig

Taf. XXIII.

FLÖTZ-KARTE
DES
MÆHRISCH-OSTRAUER
STEINKOHLENREVIERS.
Maafsstab 1 W.r Zoll = 500 W.r Kl.
100 50 0 100 200 300 400 500 600 700 800 900 1000 1600 Kl.
B.R. Besitz d. Baron Rothschild. N.B. Besitz d. K.F. Nordbahn. G.W. Besitz d. Grafen Wlizek.
G.R. „ „ Fürst Salm Reifferscheit. Z. „ „ Gewerk. Zwirzina. G.L. „ Larisch Mönich.
E.A. „ „ Erzherz. Albrecht. O.E. „ „ Olmützer Erzbisthum. G.H. Harrach.
Herzmanitz
Schürf S.
Mährisch-Ostrauer Kohlen Bahn
Ferdinand S.
Peter S.
Michael S.
Michalkowitz
projektirte Kohlenbahn
Bhrl. Nº XXI.
Bhrl. Nº XXII.
Peterswald
Bhrl. Nº IV.
Bhrl. Nº VI.
Bhrl. Nº III.
Erzherzogliche Schürfung
Bohrl. Nº VII.
Bhrl. Nº VIII.
Trokop S.
Neumann S.
S. Nº 2.
S. Nº 1.
S. Nº 7.
Aloisia S.
Joh. Maria S.
Hranecznik
Bhrl.
Radwanitz
Luciana Fluss
Lippina
Ostrau

1.
Geognostische Karte
der
Umgegend von Rofsitz und Os

Die STEINKOHLEN-FORMATI

n.

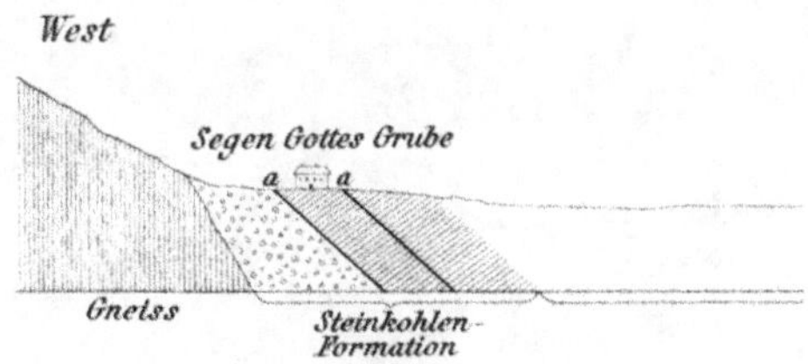

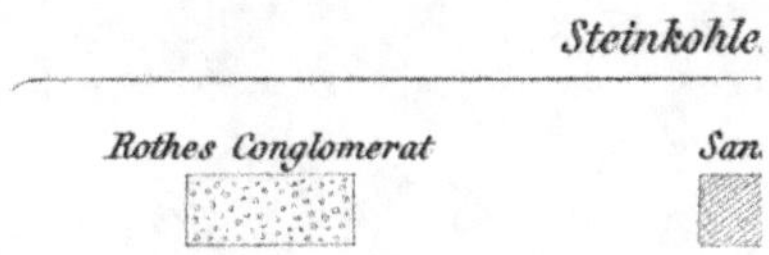

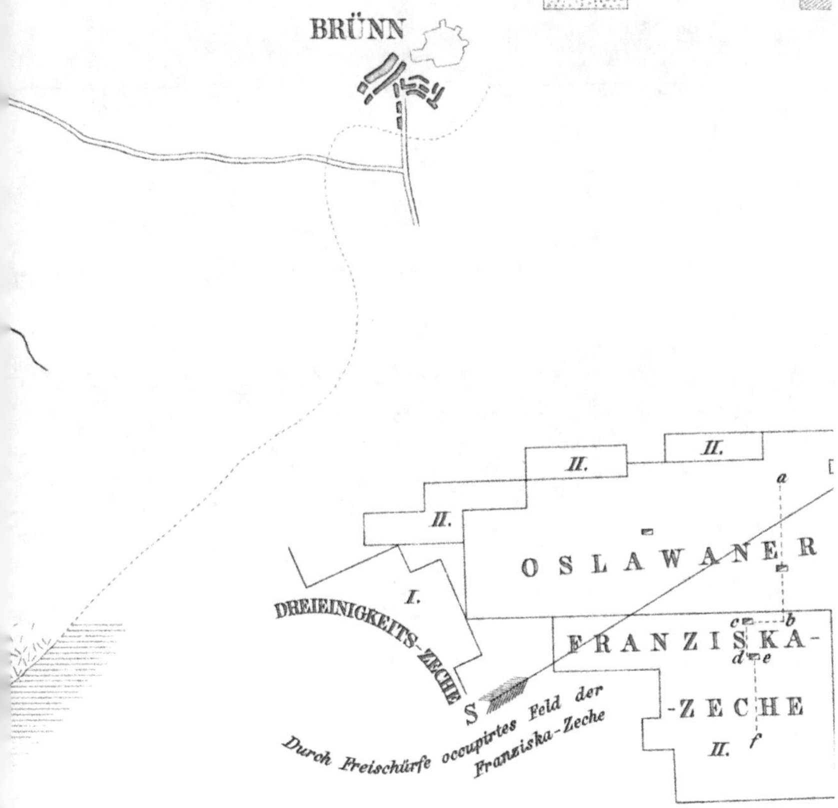

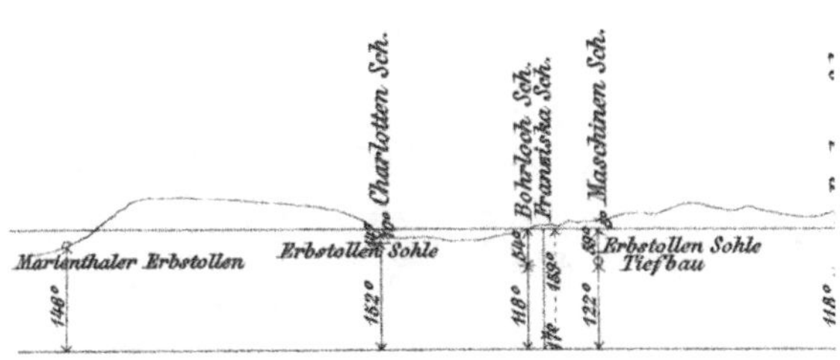

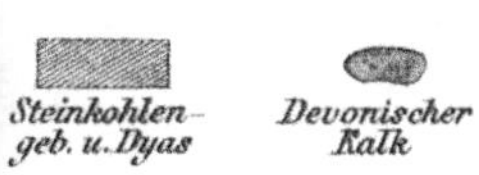

ON bei ROSSITZ in MÆHREN

2. Durchschnitt von West na

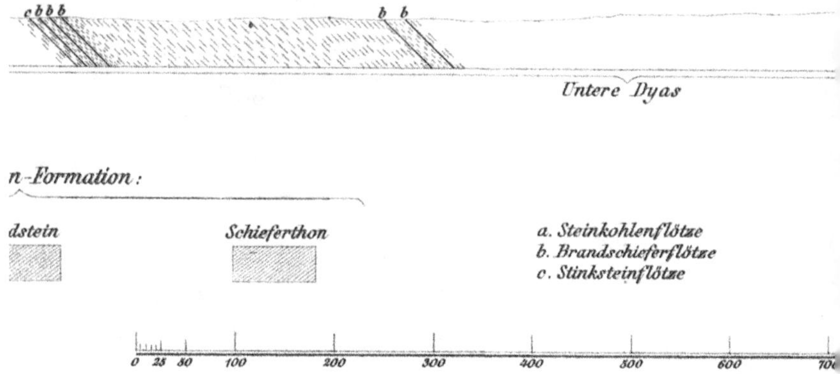

3. Profil und Maafsenkart

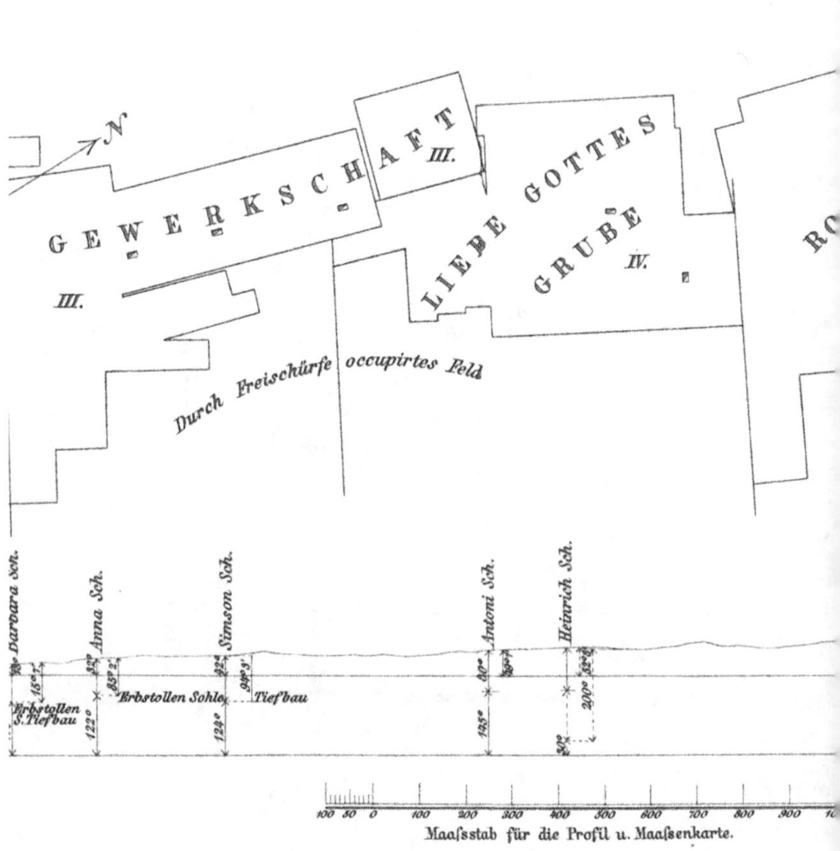

)st.

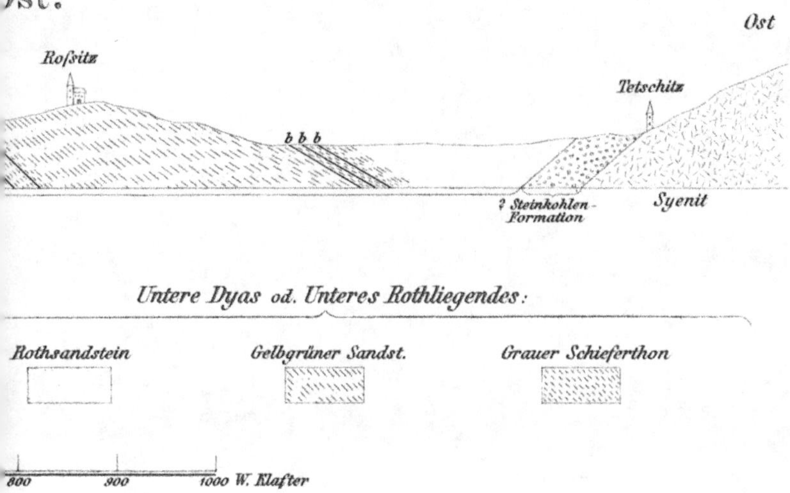
Ost
Roſsitz
Tetschitz
b b b
? Steinkohlen-
Formation
Syenit
Untere Dyas od. Unteres Rothliegendes:
Rothsandstein
Gelbgrüner Sandst.
Grauer Schieferthon
800
900
1000 W. Klafter

V.
ZER STEINKOHLEN-GEWERKSCHAFT
V.
FERDINANDI-ZECHE
Durch Freischürfe occupirtes Feld der
Roſsitzer Steinkohlengewerkschaft
Freischürfe occupirtes Feld der
Roſsitzer Steinkohlengewerkschaft

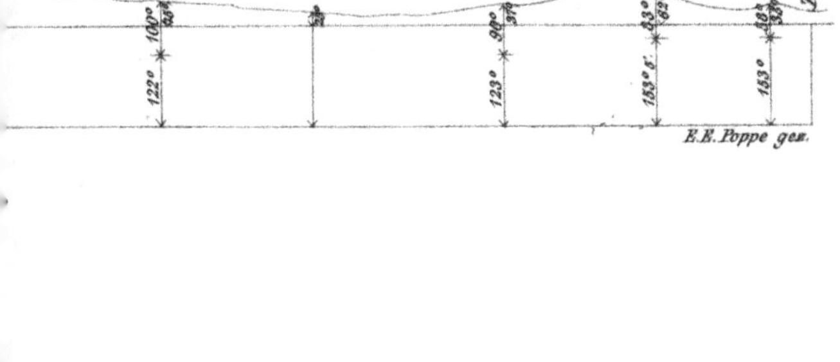
Ferdinands Sch.
Segen Gottes Erbst.
Häring Sch.
Straſsen Sch.
Treppen Sch.
Zebulnisa Bach
122°
100°
123°
90°
153° 5'
83°
153°
E.E. Poppe gez.

Übersichts-Karte
des
Schlan-Rakonitzer Steinkohlenbaſsins
in
BÖHMEN
Nach der Generalstabskarte im Maaſsstabe von 2000 Klafter gleich 1 Zoll
zusammengestellt von
Marcus Vincenz Lipold, k.k. Bergrath.
Granit
Steinkohlen-Formation u. Jüngere Schichten
Basalt bei Lubna: Diorit
Grauwacken-Formation
RAKONIC
Senomat
Woračen
Krušowic
Renčow
Ročow
Konowa
Mutiowic
Lišan
Wolešna
Kolešowic
Petrowic
Lubna
Srbeč
JUNGFERTEINITZ
Silurische Grauwacke
Urthon-Schiefer

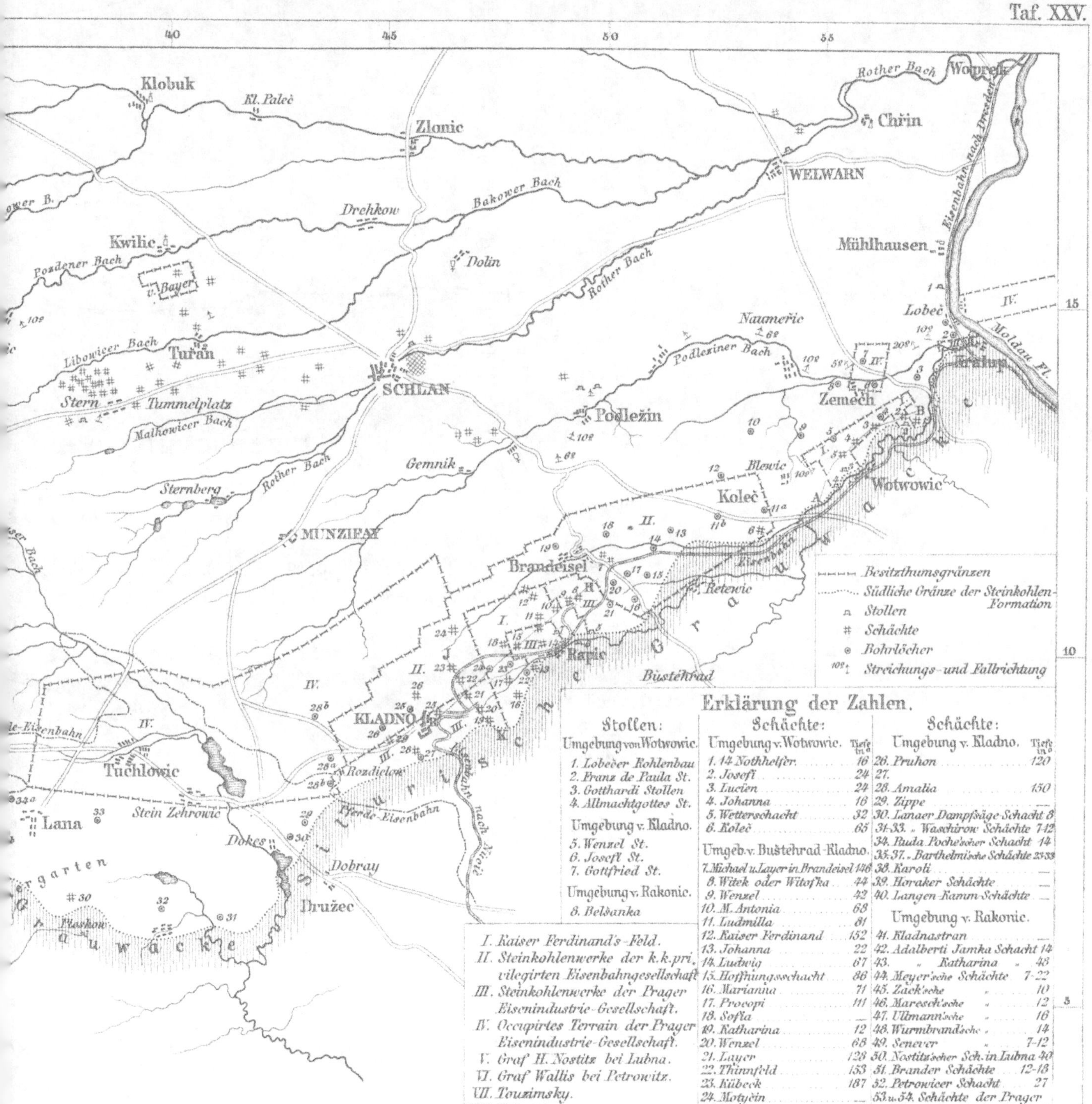
Klobuk
Kl. Paleč
Zlonic
Rother Bach
Wopreh
Chřin
WELWARN
Bakower Bach
Drehkow
Kwilic
Posdener Bach
v. Bayer
Dolin
Rother Bach
Mühlhausen
Eisenbahn nach Dresden
Lobeč
Moldau Fl.
Naumeřic
Libowicer Bach
Turan
Podlesiner Bach
Kralup
SCHLAN
Stern
Tummelplatz
Malkowicer Bach
Podležin
Zemech
Gemnik
Rother Bach
Sternberg
Blewic
Koleč
Wotwowic
MUNZIFAY
Brandeisel
Eisenbahn
Retewic
Rapic
Buštehrad
KLADNO
Tuchlowic
Rozdielow
Lana
Stein Zehrowic
Pferde-Eisenbahn
Dokes
Dobray
Družec
Plaskow
Grauwacke
Silurische Grauwacke
Besitzthumsgränzen
Südliche Gränze der Steinkohlen-Formation
Stollen
Schächte
Bohrlöcher
Streichungs- und Fallrichtung
Erklärung der Zahlen.
Stollen:
Umgebung von Wotwowic.
1. Lobečer Kohlenbau
2. Franz de Paula St.
3. Gotthardi Stollen
4. Allmachtgottes St.
Umgebung v. Kladno.
5. Wenzel St.
6. Josefi St.
7. Gottfried St.
Umgebung v. Rakonic.
8. Belšanka
Schächte:
Umgebung v. Wotwowic. Tiefe in °
1. 14 Nothhelfer. 16
2. Josefi 24
3. Lucien 24
4. Johanna 16
5. Wetterschacht 32
6. Koleč 65
Umgeb. v. Buštehrad-Kladno.
7. Michael u. Layer in Brandeisel 146
8. Witek oder Witofka 44
9. Wenzel 42
10. M. Antonia 68
11. Ludmilla 81
12. Kaiser Ferdinand 152
13. Johanna 22
14. Ludwig 67
15. Hoffnungsschacht 86
16. Marianna 71
17. Procopi 111
18. Sofia —
19. Katharina 12
20. Wenzel 68
21. Layer 128
22. Thinnfeld 153
23. Kübeck 187
24. Motyčin —
25. Franz 96
Schächte:
Umgebung v. Kladno. Tiefe in °
26. Pruhon 120
27.
28. Amalia 150
29. Zippe —
30. Lanaer Dampfsäge Schacht 8
31-33. „ Waschirow Schächte 7-12
34. Ruda Poche'scher Schacht 14
35.37. „ Barthelmi'sche Schächte 23-33
38. Karoli —
39. Horaker Schächte —
40. Langen-Kamm-Schächte —
Umgebung v. Rakonic.
41. Kladnastran —
42. Adalberti Jamka Schacht 14
43. „ Katharina „ 48
44. Meyer'sche Schächte 7-22
45. Zack'sche „ 10
46. Maresch'sche „ 12
47. Ullmann'sche „ 16
48. Wurmbrand'sche „ 14
49. Senever „ 7-12
50. Nostitz'scher Sch. in Lubna 40
51. Brander Schächte 12-18
52. Petrowicer Schacht 27
53. u. 54. Schächte der Prager Eisenindustrie-Gesellschaft.
I. Kaiser Ferdinand's-Feld.
II. Steinkohlenwerke der k.k. privilegirten Eisenbahngesellschaft
III. Steinkohlenwerke der Prager Eisenindustrie-Gesellschaft.
IV. Occupirtes Terrain der Prager Eisenindustrie-Gesellschaft.
V. Graf H. Nostitz bei Lubna.
VI. Graf Wallis bei Petrowitz.
VII. Touzimsky.
VIII. Private.
gest. v. August Müller.

Fig. 1.

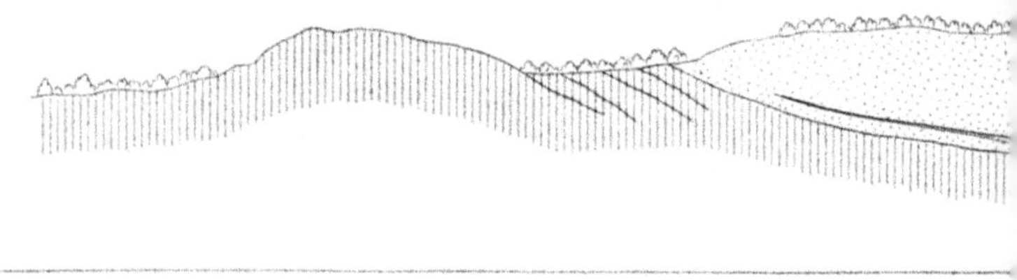

Fig. 2.

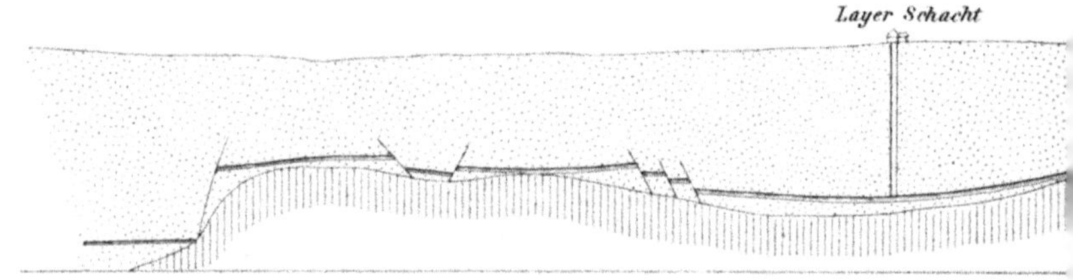

Fig. 3. Durchschnitt der St

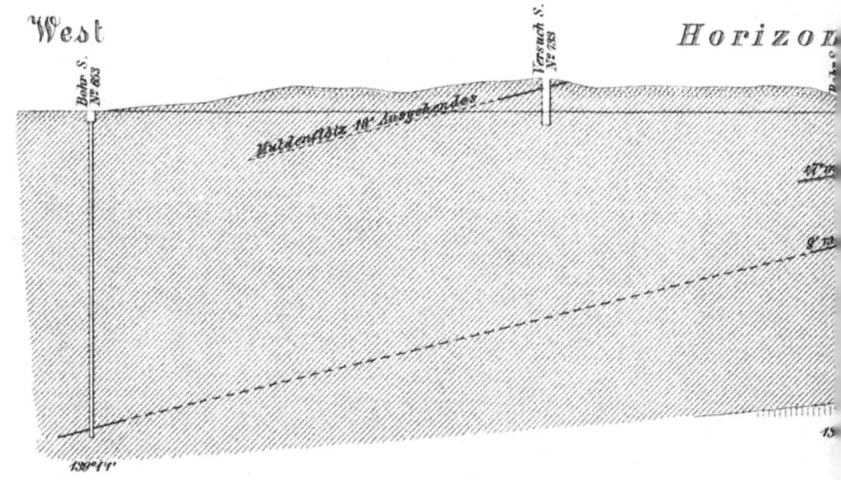

4. Durchschnitt des südl. Kohlenfeldes bei I

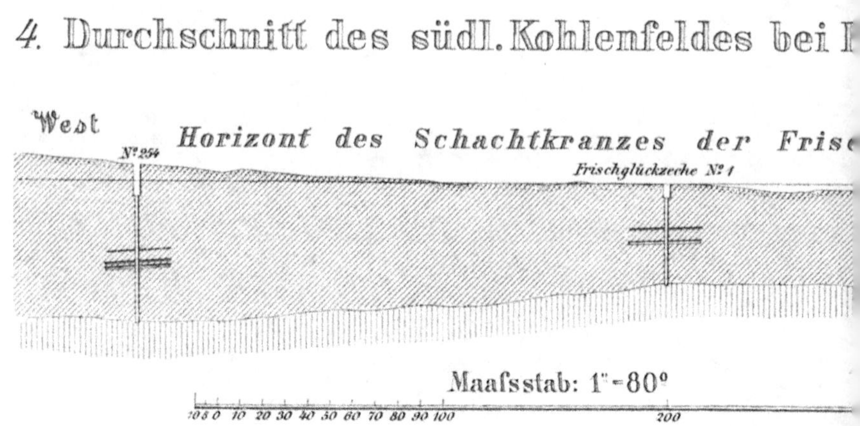

Nach der Linie A I

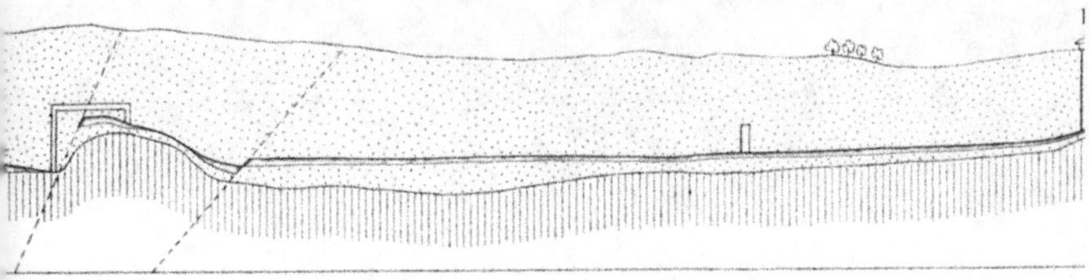

Profil nach der Lin

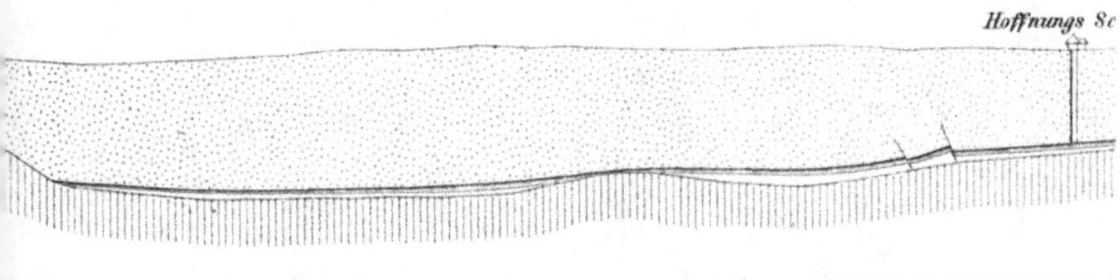

kohlenformation im fürstl. Thurn & Taxi

durch den Schachtkranz des Mathild

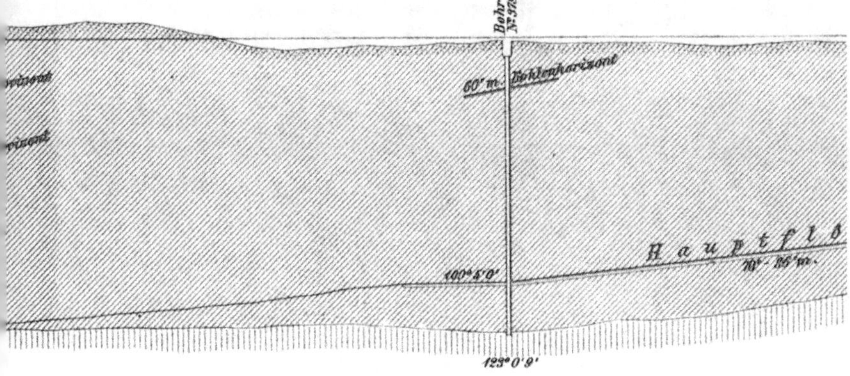

5. Durchschnitt des südl. Kol

otten.

z. Ost

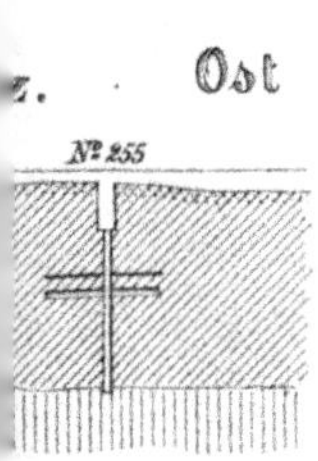

Nord

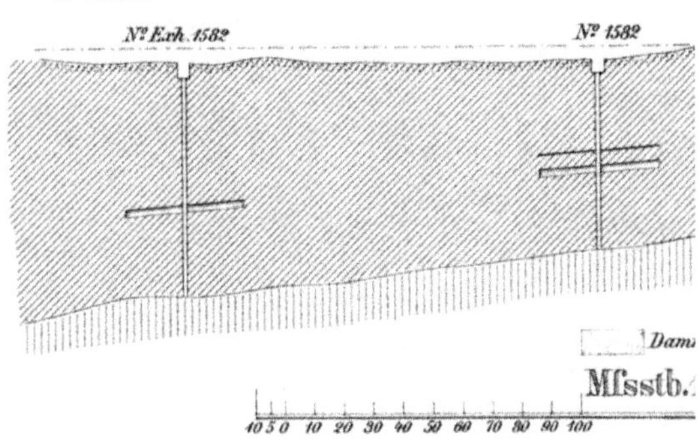

B (bei Wotwowic.)

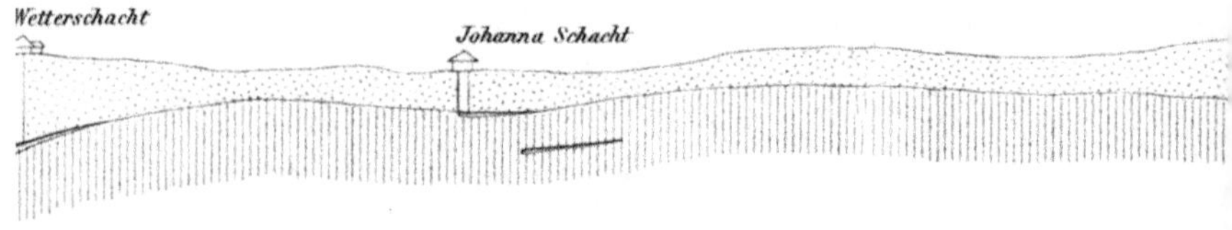

ie R R (bei Rapic.)

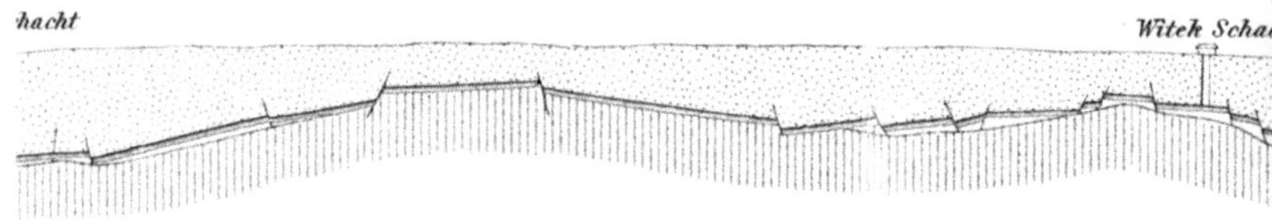

is'schen Kohlenfelde (bei Pilsen.)

en Schachtes.

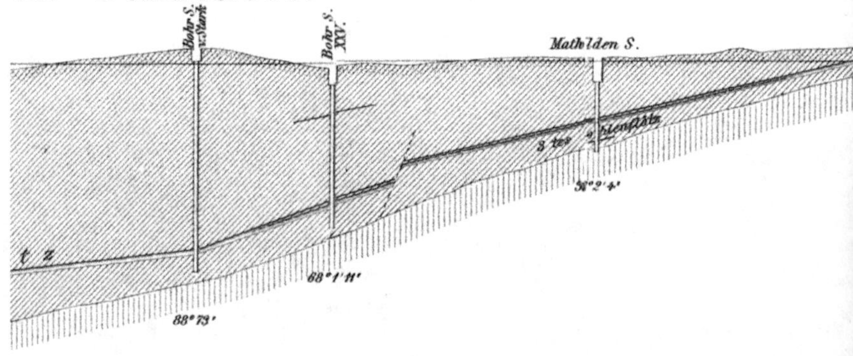

ilenfeldes bei Ellhotten.

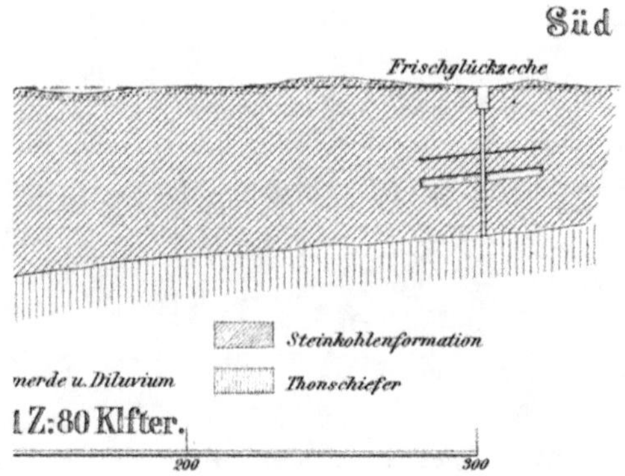

6. C

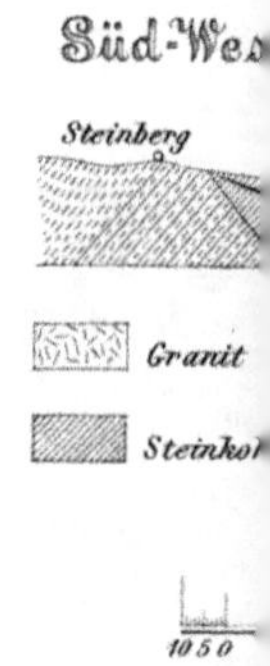

Taf. XXVI.

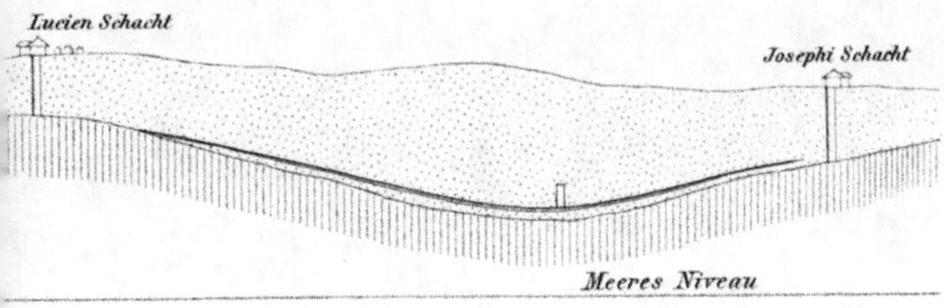

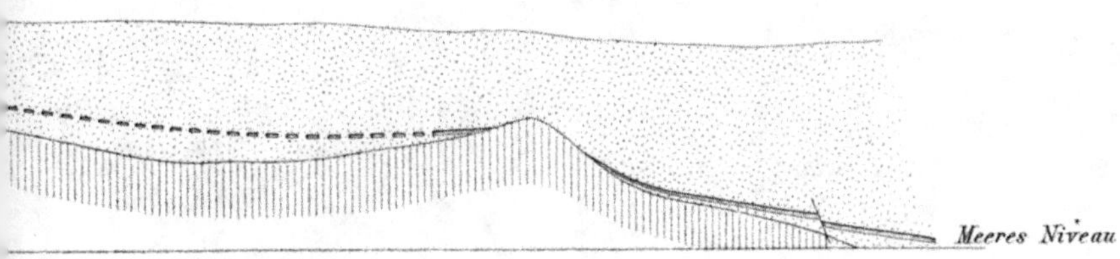

Ost

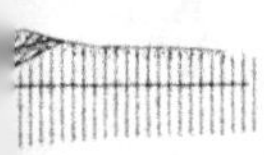

Zeichen Erklärung für die Durchschnitte.

Grauwacken-Formation

Steinkohlen-Formation

Steinkohlen-Flötz-Ablagerung

Schacht № 2 liegt 50 Klafter östlich vom Jamkaschacht.

Maafsstab: 1 Wiener Zoll-200 Klaft. (zu Fig. 1,2,3.)

…gnostischer Gebirgsdurchschnitt
… Vituna über Lossin nach Littitz.

Nord-Ost

Rothliegendes

kryst. Urthonschiefer

Sil. Schieferformt.

Hornblendegestein

Maafsstab: 1''-80°

H Bruch sc

PILSENER STEI

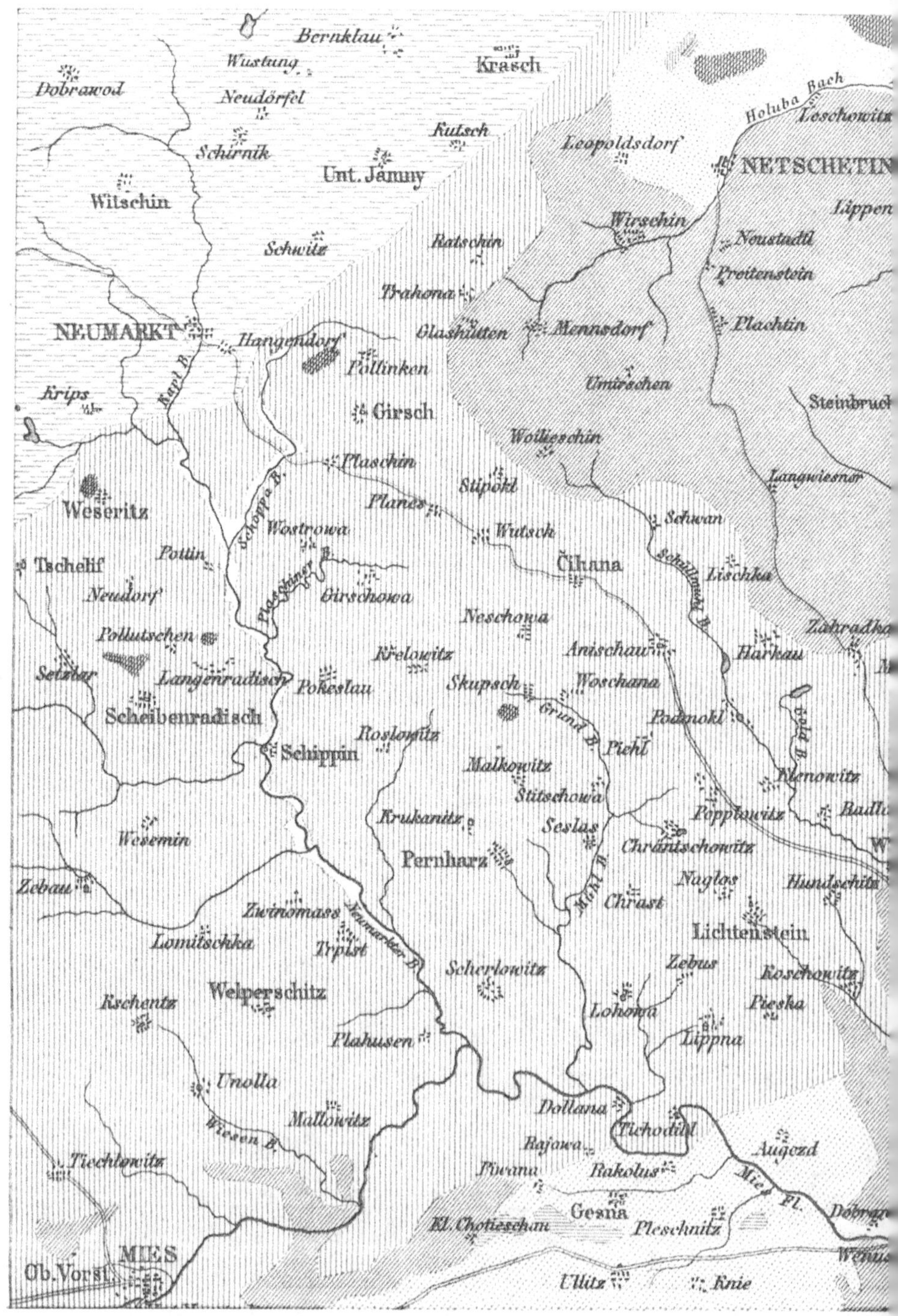

KOHLENBECKEN.

Taf. XXVII.

Solislau
Sittna
Dobraken
Wellana
Hniemitz
Rochlowa
Ellhotten
KLADRAU
Giebacht
Blattnitz
Stein-Augezd
Wilkischen
Ostrau
Poppowa
Sekraun
Preheisen
Radlowitz
Wittowa
Worhabschen
Kostelzen
Lochutzen
Nowy
Elschelin
Sallaschen
Teinitzl
Gottowitz
Weshorz
Nedraschitz
Tuschkau
Kapsch
Guratin
Mirschowitz
Chotieschau
Salesl
Honositz
Lissowa
Staab
Radbusa F.
Gibian
Hrazden
Horsina B.
Strzellitz
Carlowitz
Lellowa
Schekarschen
Nemlowitz
Lischin
Laschan
Nohmirschen
Mogolzen
Holleischen
Stich
Zetschowitz
Czolaken
Neuhäusel
Unt.
Kamenzen
Semetitz
Autschowa
Ob.
Dobrowa
Merklin
Putzlitz
Stankau
Vituna
Stankau
Stiechlowa
Franowa
Wogteschitz
Radbusa Fl.
Krenowa
Bukowa
Tschirm
Lohowa
Ptenin
Podiefuss
Motscherad
Lohowitschitz
Alluvium
Steinkohlen-Formation
Rothliegendes
Grauwacke, Silur
Thonschiefer
Maafsstab:
0
¼
½
¾
1

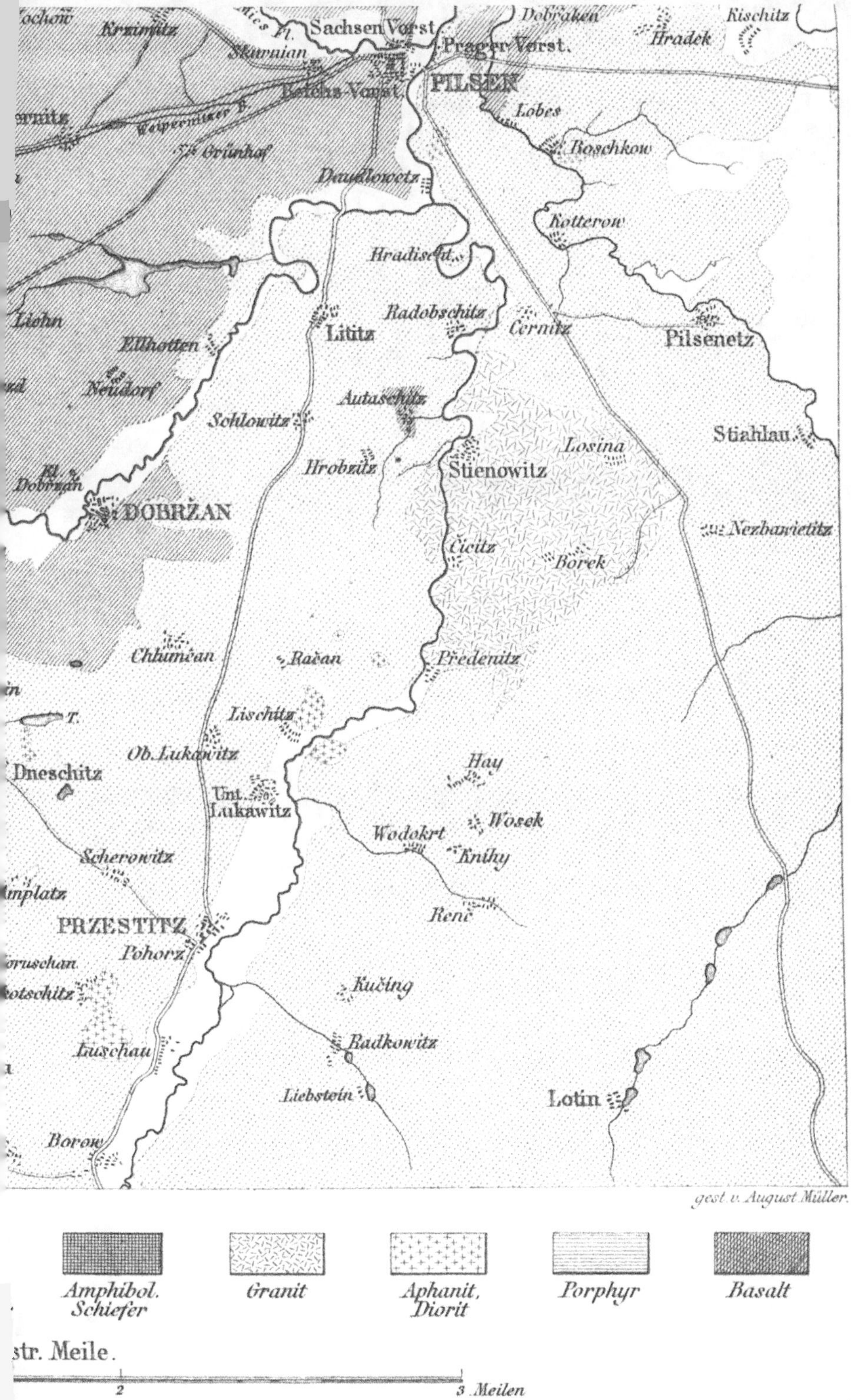
Sachsen Vorst.
Prager Vorst.
PILSEN
Reichs-Vorst.
Skwrnian
Krzimitz
Dobraken
Hradek
Kischitz
Lobes
Boschkow
Grünhof
Daudlowetz
Kotterow
Hradischt
Radobschitz
Lititz
Cernitz
Pilsenetz
Liehn
Ellhotten
Neudorf
Autaschitz
Schlowitz
Hrobzitz
Stienowitz
Losina
Stiahlau
Kl. Dobržan
DOBRŽAN
Cicitz
Borek
Nezbawietitz
Chlumčan
Račan
Předenitz
Lischitz
Ob. Lukawitz
Dneschitz
Unt. Lukawitz
Hay
Wosek
Wodokrt
Knihy
Scherowitz
PRZESTITZ
Pohorz
Renč
Kučing
Radkowitz
Luschau
Liebstein
Lotin
Borow
gest. v. August Müller.
Amphibol. Schiefer
Granit
Aphanit, Diorit
Porphyr
Basalt
str. Meile.
2
3 Meilen

www.ingramcontent.com/pod-product-compliance
Lightning Source LLC
LaVergne TN
LVHW080756300926
849162LV00008BA/1826